自我营销

个人价值实现研习手册

端 银◎著

中国铁道出版社有限公司
CHINA RAILWAY PUBLISHING HOUSE CO., LTD.

图书在版编目（CIP）数据

自我营销:个人价值实现研习手册/端银著.—北京:
中国铁道出版社有限公司，2021.4
ISBN 978-7-113-27260-9

Ⅰ.①自… Ⅱ.①端… Ⅲ.①成功心理-通俗读物
Ⅳ.①B848.4-49

中国版本图书馆CIP数据核字（2020）第174336号

书　　名：自我营销：个人价值实现研习手册
ZIWO YINGXIAO : GEREN JIAZHI SHIXIAN YANXI SHOUCE
作　　者：端　银

策　　划：巨　凤　　　　**编辑部电话：**(010)83545974
责任编辑：巨　凤　韩丽芳
编辑助理：王伟彤
封面设计：宿　萌
责任校对：焦桂荣
责任印制：赵星辰

出版发行：中国铁道出版社有限公司（100054，北京市西城区右安门西街8号）
印　　刷：三河市兴达印务有限公司
版　　次：2021年4月第1版　2021年4月第1次印刷
开　　本：880 mm×1 230 mm 1/32　**印张：**7　**字数：**200千
书　　号：ISBN 978-7-113-27260-9
定　　价：55.00元

前言

一直以来，我都想撰写一本关于普通人如何加速崛起的图书，希望以此帮助更多像我这样起点低的普通人找到更多的发展机会并能有效提高个人收入。后来在活动中结识了 Sophie，有了她的帮助，才有了这本书的面世。

如果你想知道，在没背景、没资源、没经验的情况下，我是如何通过互联网工具实现财富自由的，这本书值得你仔细深研几遍。

这本书的架构非常清晰，一共分为 5 章，每章之间内容环环相扣。这 5 章分别是个人成长路上的 5 个卡点，即坚持自我提升——掌握硬核思维——打造业内影响力——升级个人品牌——启动财富飞轮。

这 5 个成长卡点正是我过去几年从零开始摸索出来的闯关经验和教训。它会帮助每一个普通的个体少走弯路，同时也教会你如何从找到奋斗方向到用正确的方法和思维去达到你想要的成功。

不管你现在的事业处在哪个阶段，都能从本书中找到你所需要的精华方法论和破局思路，并且能够让你读完就能用上，相信会对你有益。

最后，感谢所有支持我的学员、贵人们，也感谢我的团队和我的家人们，特别是我的太太邵泳妍女士。有了你们的支持，本书才得以与读者见面，感谢！

端银

2021 年 1 月

目录

第1章 坚持自我提升

31 第2章 掌握硬核思维

第 1 章

坚持自我提升

1.1 梦想清单：给自己造一个梦并坚定你的梦想

1.1.1 敢于造梦：给自己造一个梦并坚定你的梦想

15 岁时，你觉得游泳难，于是放弃游泳；18 岁时，遇到一个你喜欢的人约你去游泳，你只好说“我不会”；20 岁时，你觉得英文难，于是放弃英文；28 岁时，遇到一个很棒的工作，条件是英文水平要高，你只好说“我好后悔”。

每个人都有很多梦想，每个人都不想错过心动的人和美好的事情，可大部分人终究因为懒得做、难实现而慢慢向现实生活妥协。到底是我们被现实生活征服了，还是我们淡忘了自己的梦想？

很多人不敢踏出舒适区，不敢往前走，不敢去接触未知的领域，甚至告诉自己，这辈子就这样了。

人们大多喜欢待在舒适区里，那样最安全。可又会羡慕他人取得的成就，于是一边怨天尤人，一边不敢造梦，不敢去追求自己的理想。

1. 别因为原生家庭影响而放弃你的梦想

我出生在农村，家里有 7 个兄弟姐妹。我的父母是农民，因为家里孩子太多，所以条件一直不好。小时候，父母为了供我们几个兄弟姐妹上学，几乎耗尽了所有的力气，为此他们常年处于负债的状态。

我从小被灌输“好好读书”的理念，在我父母的眼里，只有从事稳定的工作才有未来。后来，我顺从他们的想法就去读师范学校。

大学时，我曾通过做兼职和创业小项目独立承担学费和生活费。那段经历让我早早就明白了一个道理：只有不断地充实自己，努力创造财富才能改变命运。

毕业后，我毅然决然转行到互联网行业。可是，父母坚决不同意。我们为此吵了一架，关系一度降至冰点。甚至我在深圳实习了七个月，母亲还不依不饶地劝我回老家找一份稳定的工作。

其实，我非常理解他们。父母骨子里一直带有一种自卑感，他们认为孩子能有一份稳定的工作就已经很好了，怎么敢奢望大富大贵呢?

2017年，当我通过互联网赚到第一桶金并转了十万元给父母后，他们才慢慢不再干涉我的个人发展。

如果你父母很厉害，你可以适当听从建议。如果你父母连生存都困难，那么你就要小心了。

像我父母那代人所处的环境和思维认知往往是过时的，早就不再适应时代的发展。

我们的人生有无数种可能性，千万别因原生家庭的影响而放弃你的梦想。

爱父母的方式有很多种，但绝不是一味地顺从，否则就变成了愚孝。

2. 别因为嘲笑和打击就放弃你的梦想

工作第一年，有一次，我去参加了头马的演讲活动。当时，组织活动的主持人要求我们每个人都要上台用一分钟讲出自己的梦想。

轮到我上台时，我小声地说：“我的梦想是成为像杰夫·沃克一样的营销高手，只需要动动脑筋和手指就可以持续不断地创造财富，我要在 30 岁之前赚到第一个 100 万。”

主持人不知道是没听清楚还是不敢相信，发出了“啊”的一声，然后笑着说：“加油”。台下的同学也跟着笑了起来。

当时的我面红耳赤，好想找个地缝钻进去，也不知道哪来的勇气，竟然在公众面前说出了自己的梦想。

比起被群嘲，来自工作和生活的打击才刚刚开始。

工作前几个月，我经常出错，领导对我的表现很不满意，觉得我不思进取，我也不敢主动跟他提加薪。

有一次，他对我说：“端银，在你没赚到 100 万之前，千万不要觉得赚钱不重要，这是你体现工作价值的重要方式。”

对于一个拿着月薪 1 000 元的自己，我也在想到底什么时候能够赚够 100 万。

为了维护那仅剩的自尊心，我决定要在下班后改变自己。我花了 3 个月多的时间，拼命学习和研究微信的营销方法。

坚持打磨技能一年后，我通过微信成功实现了领导口中的目标。过去那些看不起我的人纷纷付费向我学习，而曾经令我高攀不起的平台也邀请我去做演讲分享。

那一年，我刚好 24 岁。

我一直认为，一个敢于造梦的人到哪里都是发光体，一个不屈于现实并敢于追梦的人，值得过更好的人生。

我过去许下的愿望和梦想几乎都一一实现了。接下来，我又不断地给自己造梦，发起一个个新的梦想挑战。

希望你们看到这里时，也写下自己的梦想。如果你愿意的话，欢迎到我的公众号「端银」分享你的梦想，我一定会鼓励你坚持下去。

1.1.2 下定决心：如果你不想浑噩过一辈子，请对自己狠一点

前阵子，有一个“95后”男生给我发了一条微信，他说自己现在非常迷茫，问我能不能给他一点建议。

他现在的工作月薪3 000元，每天朝九晚五，工作1年了还买不起一台电脑，特别想做点副业增加收入。可是，下班后整个人又很累，很想学习点新技能，却又找不到方向，一个晚上的自由时间经常被荒废掉。

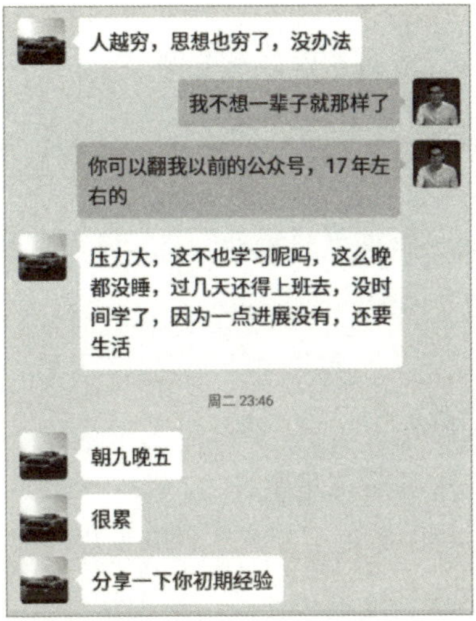

看完他的话，我跟他分享了发生在我身上的真实故事。

故事片段1：因为生活拮据，买不起一台电脑

2017年5月，我刚从大学毕业，在深圳的一家公司实习。我跟我的领导坐在一个办公室办公，经常是领导已经开始工作了，而我的电脑还没出现“欢迎”界面，心里甚是紧张。

过了没几天，领导看不下去了，为了让我提高工作效率，他建议我

赶紧买一台新的电脑。当时，我看着微信里仅剩的几百块钱，迟疑了很久。因为买一台新电脑差不多要 5 000 元，后来咬咬牙还是借钱买了。

故事片段 2：工作状态差，被领导当面批评

借钱买了电脑后，我变得焦虑了。

住在 8 人间的出租房里，吃得最多的是 10 元的快餐，有一次想去超市买火龙果，一上秤，13 元，没舍得买，拎着这个火龙果趁四下无人悄悄放回货架。生活过得捉襟见肘，我在想我的未来到底在哪里？怎样才能在这个偌大的城市里安身立命？

连续失眠几天后，我的工作表现变得很糟糕。一次下班后，我被领导狠狠批评了一顿：

“你最近的表现很不好，我会给你的工作进行评估，会把你的问题一一记录下来，比如：做事不列清单、不太懂得分轻重缓急、独立判断能力差等。”

聊到最后，他撂下了一句狠话：“三个月之后，我需要你敢跟我叫板，跟我争论一些问题，而不是 follow。”

其实我很清楚，领导是在用激将法。我对他说：“2 个月！给我 2 个月时间，2 个月后，我要是达不到您的评分标准，我自己辞职！”

说完这句话时，我竟没有一丝的情绪和抱怨，有的只是咬咬牙逼一逼自己。

扛得住，才能留在大城市。

故事片段 3：奋发图强，狠狠改变自己

自从那天之后，我每天睡觉之前就把第二天的行动计划列好，第二天起来马上执行。

在工作上，我每天起床的第一件事就是在笔记本上列工作清单。这个习惯，我一直坚持到现在。我很庆幸自己当时没有玻璃心，我也很感谢我的领导，教我养成了这么好的工作习惯。

在学习上，我抓住一切碎片化时间来学习给自己充电，出门必背双肩包，包内必备电脑、笔记本、纸、笔和耳机，利用坐地铁的时间读书或者听音频学习。

我一直记得领导跟我说过的一句话："你要抓住一切碎片化时间来学习，学到一句话并用起来你就赚了，除非你真的想让自己停下来。"

2 个月后，我顺利通过了领导的考核，成为领导的得力助手。

时至今日，我已经开始独立创业。当我自己也成为领导后，也在贯彻同样的理念：要敢于对自己下狠手，真正的狠，是长时间持续学习，把自己的能力延展到边界，达到最大化。

我曾经也和很多二十多岁的年轻人一样，也并不知道自己的能力边界到底在哪里？但是我至少知道，在这个残酷的现实世界里，有能力的人才有更美好的未来。

当你把那股狠劲融入了工作和生活，让它成为一种常态，你会发现它并没有什么大不了的，反而会让你觉得自己浑身充满动力。

1.1.3 圆梦当下：从小白到垂直细分领域高手，他说梦想就是用来实现的

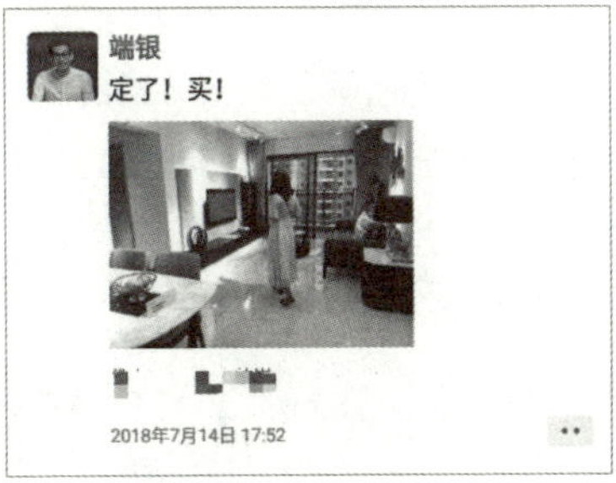

我工作的第一年生活很拮据，后来在我领导的激励下，我找到了自己的方向。通过三年的技能磨炼，我总结了一套简单有效的微信营销方法，有效帮助数千名学员提高副业收入。我也因此攒到了人生首个 100 万，不靠父母在大城市买了一套房。

如今，我是新榜学院、喜马拉雅、创业邦等全网 40+ 平台的签约微信营销导师，服务过小米、安利集团等多家知名企业，全网有超过 20 万人次听过我的微信朋友圈营销课程。

作为一个农村出身的孩子，我登上了千人聚光灯下的大舞台，这是以前想都不敢想的事情。

此刻，我想说：只要你有梦想，在互联网时代，每个人都能找到实现自己价值的机会。

1．自学营销，摸索出朋友圈的秘密

我的专业是统计学，但我并不喜欢这个专业。于是，早早就想另寻出路。

我在大学期间自学研究商学知识，其中受《浪潮式发售》这本书的作者杰夫·沃克影响最大，他在书中谈及："如何用一封邮件在 24 小时内赚到 100 万美元？"我看到这句话时，兴奋得睡不着觉。

我的梦想是做一个像杰夫·沃克一样的营销高手，只需要动动脑筋和手指就可以持续不断地创造财富。

当时，邮箱是美国常用的沟通工具，然而今天在国内最大的沟通工具是什么？是微信！正所谓人在哪里，机会就在哪里，财富也将堆积在哪里。从那开始，每天下班后我就去研究微信。一次偶尔的机会，我在朋友圈分享了一个付费的读书专栏，没想到 1 个小时就收到了 488 元。当时，把我乐坏了，这只是发朋友圈推广而已，就赚到了我当时差不多半个月的工资！

当我发现通过微信真的可以赚钱后，整个人就像"疯了"一样，我

知道我离心中的那个“杰夫·沃克”越来越近了。

2. 坚持研究 3 年，靠微信朋友圈崛起

通过对微信生态的研究，我开始专注去研究个人微信号、朋友圈和微信群的每一个细致玩法和商业价值。花了 3 年多的时间去研究和实践后，我的收获巨大。

举两个案例：

（1）助力求职：我通过发出五条朋友圈，让某知识电商平台的 HR 挖掘到我，并诚意邀请我以联合创始人的身份加入该公司。

（2）助力销售：2019 年，我们以第三方服务商的角色去为小米旗下社交电商项目进行线上推广销售。我用过去总结的微信销售方法设计了一套适用于线上团队的招商系统，只用了 1 个星期的时间，就创造了 100 多万的项目业绩。

那个曾经月薪只有 1 000 元的我终于能够在大城市站稳脚跟了，我的梦想正在一步步实现中。所以，只要坚持最初的梦想，用对的方法持续不断地努力，你会越来越靠近你的梦想。

1.2 快速行动：行动是解决一切焦虑的根源

1.2.1 打破舒适圈：与其安于现状，不如勇敢走出去

自我设限是一个人贫穷的主要原因。

有个名为《哈佛研究：9个让你变穷的原因》的视频，列举出了九大贫穷原因，分别是：

①犹豫不决；

②拖延；

③三分钟热度；

④害怕拒绝；

⑤自我设限；

⑥逃避现实；

⑦总找借口；

⑧恐惧；

⑨拒绝学习。

当一个人长期处于舒适圈时，他的思想会变得固化，很容易自我设限，并陷入一种成长的怪圈，导致无法实现自我改变。

故事1：大学时期的自我探索

大学三年级，我面临着实习和找工作的困难，因为没方向，我第一时间想到的就是学习，至少这样不会浪费时间，其实也是为了寻找自我安慰。

我一头扎进了图书馆，读我比较感兴趣的市场营销学，包括特劳特、科特勒、郑毓煌、叶茂中等营销大师的图书。可是，我看了很多书，做了大量的读书笔记后，却依然不懂营销到底要怎么做。

后来，在网易云课堂我无意中看到了一个关于微信营销的课程，我觉得不错，于是买来学习。当我把这个课程学了1个月后，我发现看和听始终是纸上谈兵，于是我又开始新一轮的尝试——每日在公众号上更文。

从2016年初开始写，一直写到2016年底，我大概用1年的时间写了100多篇文章，累计写了50几万字。写了这么多文章我收获了什么呢？

答案是：公众号累计有1 000多个粉丝，赞赏收入加起来有900多元。通过大量的写作输出，我第一次学会了在网络上进行内容的输出和加工整理，这也为我后面能够顺利写书和开发一个又一个课程产品打下良好的基础。

故事2：毕业季艰难求职历程

眼看离校实习的日子越来越近了，我看了这么多营销书，又学习了众多的网上课程，想着应该可以找到实践的机会，试试自己的所学有无收获。

于是，我做了一个大胆的决定，直接写了一个新媒体营销方案发给一家五星级酒店的领导，以实习生的角色申请进入他们酒店的新媒体部门。

我洋洋洒洒写了1万多字，顺利获得了这个实习的工作机会。在酒店里实习了两个月后，有了实际的工作经历，并积累了一些经验，我想毕业后应该能应聘到一份新媒体行业相关的工作了。

2016年11月份，我带了300多元来到深圳求职，白天跑招聘，晚上睡在罗湖火车站附近最便宜的太空舱，连续3天面试了4家新媒体公司的实习生岗位，结果都没有应聘成功。

为了找一份正式的实习工作，我自认为已经准备好了，结果却令人大失所望。当时，我备受打击，再一次陷入了迷茫。

到了第二年春天，转机终于来了，因为我长时间的写作，结识到一位新媒体写作老师，他刚好缺人，想让我到深圳来协助他一起做事情。

当时，我激动得不知道说什么，终于有人认可我了，终于有人肯要我了。虽然薪水不多，但那确实是一次非常好的机会，如果不去恐怕以后很难去大城市拼搏了。

事实证明，我的选择是对的。勇敢走出来才发现外面世界的精彩。

当我实习了7个月后，凭借几条朋友圈文案被一家知识电商创业公司录用，做专职课程策划，成功实现月薪过万的小目标。

选择走出去虽然很难，风险很大，但往往机会与风险并存。如果你不勇敢地走出去，可能连一个机会都抓不住。

最后，建议大家在职业生涯早期要敢于去尝试，敢于突破自己，坚持目标，不断积累。你的内在充实了，自然能得到相应的回馈。

1.2.2 打败焦虑：二十几岁，如果你还迷茫焦虑，请收下这4句话

这些年，我通过努力行动，从一个迷茫焦虑的青年变成了做自己喜

欢事业的自由创业者。这 4 个点是非常重要的：

1. 不要抱怨，解决问题才是唯一的出路

过去的我常常迷茫、焦虑，因为不想和一群笑哈哈地拍着毕业照却哭着走出校园的同学一样，一毕业就面临着失业。

我曾经也抱怨过自己的出身，抱怨自己没有好好努力考上更好的大学，最终却发现抱怨没有用。抱怨过后，你的生活仍没有任何转变。

直到后来，在网上看了崔万志老师的演讲《不抱怨，一切靠自己》，我彻底被他的故事影响了。

上天给他一副烂牌，他没有选择抱怨，而是誓要把它打好。他出生时，因脐带绕颈导致脑部缺氧，造成行走不便、语言不流畅。从求学被拒到书店被烧再到旗袍创业……

比起他，我们很多人手上拿到的牌都好太多了，还有什么理由去抱怨？

二十几岁，你可能没有考上好大学，可能临近毕业工作还没着落，可能还没有遇见真正喜欢你的人，但永远要记住：不要抱怨，而是想方设法去解决你的实际难题。

2. 不要太在意自己的脸面，抓住一切成长机会

大一寒假，为了找一份兼职赚生活费，我来到一家酒店做兼职，到这里后发现只剩下最后一个岗位——楼层管理员。

楼层管理员是干什么的呢？负责酒店保洁工作，包括扫地、拖地、铺床、清洁卫生间……

主管问我干不干？我说："干！"就这样，我过年没回家，在酒店里干了一个月。

寒假过后，大家开始陆续返校。一个师兄问我："端银，你要不要来我这里兼职当快递员派件？派一个件一元钱。"

我二话不说，立马干！我骑着电瓶车，载着一车的快件满校园跑。

大学的每个寒暑假，我都在做不一样的兼职，走过了许许多多的弯路，最终才发现在自己一无是处的时候，最不值钱的就是自己的脸面。

不要太在意自己的脸面，要去牢牢抓住一切可能让自己成长的机会吧。

3. 敢闯敢做，勇为先行

到底什么是敢闯敢做，勇为先行？我理解的是：一个人活着就应该去做自己想做的，而不是做别人都在追求的。

“勇敢”这个词，有人可能会觉得俗，但是真正拥有之后会觉得这个词非常神圣。

2016 年 1 月，我勇敢地放弃自己就读的统计学专业，一个人上网自学新媒体营销；

2017 年 3 月，我勇敢地告别我的亲人朋友，怀揣三百元，拿着月薪 1 000 元的工资正式成为“深漂”一族；

2017 年 10 月，为了追寻更好的发展，我勇敢地做出了跳槽的决定，成功拿到了月薪过万的 offer；

2018 年 8 月，我勇敢地从公司裸辞，放弃了联合创始人身份，开启了自由职业的工作。

2020 年 9 月，我勇敢地放下互联网讲师的身份，正式进入信用金融行业，转型成为正道金融商学院的幕后操盘手。

敢闯敢做，其实说易行难。每一次做决定之前，我也会感到怯懦，而每次当我要打退堂鼓的时候，我会对着镜子盘问自己：

“二十几岁，你明明还很年轻，本来就一无所有，还怕失去什么呢？”

如果你怕，就会输一辈子。

4. 努力行动，拿成绩说话

曾在网上看过这么一段话，当你打算要创业，最不相信你的是亲人，最先打击你的是朋友，最先支持你的是陌生人。

当我在朋友圈发出第一篇文章时，所有的同学和朋友都以为我疯了，纷纷评论道："你一个理科生写什么文章？"

当我已经坚持写了几年公众号文章，打算出版几本书时，有不少人又说："端银，你真能坚持。"

当我决定要去人生地不熟的深圳打拼时，家里人全票否决，他们担心我涉世未深，容易被人利用、上当受骗。

当我在大城市站稳了脚跟，还买了一套房子，并开了一家公司后，我的家人再也没有过问我的任何私事，遇到问题他们反而经常让我拿主意。

一年前，有一个企业培训负责人要采购我们的线下课，一直从 3 月份谈到 5 月份，期间问我要过很多线下分享视频，她担心我能不能做好 100 人以上的线下培训。

一年后，我首次站在新榜举办的新媒体行业峰会千人大舞台上分享，后来相继获得安利、大童保险等企业的内训邀约。

人这一辈子，不管你处于什么样的位置，永远避不开那些质疑的声音和闲言碎语。

不要害怕，也不要去辩护，你要用你的行动成果去碾压他们。外界的声音是暂时的，人最大的敌人往往是自己。

二十几岁的年纪，可能没有人相信你，但是你一定要用实际行动做出一点成绩，来证明你自己一定行！

愿二十几岁的你，不再迷茫焦虑！愿你活成自己喜欢的样子。

1.2.3 忍受孤独：别怕！孤独才是最好的自我增值期

1. 孤独是人生常态

前一段时间，我在一个社群里看到有位小伙伴说道：因为不合群，自己缺少交心的朋友，总觉得很孤独。他害怕这种孤独，甚至不敢一个人去吃饭。

之后，社群里边一些热心的伙伴都为他出谋划策。有的伙伴建议他去找个女朋友，这样就不会孤独一人了。有的伙伴抚慰他的情绪，建议他看开点，敞开心扉自然就能交到朋友了。

试想，人活一辈子，又有谁能够一直陪你走完整个人生呢？父母总会老去，即便是你的终身伴侣也不能。

接受孤独，你会发现自己也能过得很好。

2. 忍受孤独，成为更好的自己

在大学里，我与一位学弟的关系好，我们经常在一起交流。在我的印象中，他是一个耐得住寂寞的人。

大学里的他，不玩游戏，也不谈恋爱。我偶尔会逗他说：“怎么老是看着你一个人孤孤单单的？也不找个女朋友？”

他说，他有更高的理想，想成为最优秀的精算师。他也知道，这个世界从来都不缺好女孩，不必将就自己。因此，他更愿意去享受孤独，让自己成为更加优秀的人。

事实上，我也见过太多的情侣匆匆在一起，大家逢场作戏、互不亏欠，毕业之后，天各一方。

最近他发微信跟我说，他在单位又升职加薪了，准备到年底结婚。

那些真正优秀的人都懂得忍受孤独，把自己变得更好，再去遇见更好的人。

3. 真正的优秀者都是孤独的

相信看过电影《叶问》的朋友都知道，功夫大师叶问是一个喜欢安静的人，总是一个人钻研木桩、苦练咏春拳。与武侠片里最优秀的武者们一样，孤独一人冬练三九，夏练三伏。

真正的优秀者总是孤独的。纵横西方棋坛与太极拳的天才乔希·维茨金是孤独的，万科的王石是孤独的，愚笨的阿甘亦是孤独的。孤独能成就真正的优秀者。

这个世界上有太多的人想成为优秀者，可是问过自己真的能够耐得住孤独与寂寞吗？

也有人说用社交构建人际网络是通往成功的必经之路。没错，通过社交来增进人与人之间的感情固然重要。但要知道，在你不够优秀之前，你认识谁都没用。

学会接纳自己，学会抓住时间去做更多有价值和有意义的事。

请记住：孤独是最好的自我增值期。我们孤独并快乐着！

1.3 寻找方向：方向不是找出来的，是不断试错走出来的

1.3.1 敢于试错：追求稳定才是最大的谎言，只有不断试错才能找到出路

在我接触的几万名学员当中，大概有七成左右的人对自己的定位不清晰。他们不知道自己适合做什么，更不清楚未来的路要怎么走。这七成迷茫的人群当中又有相当一部分人比较倾向于追求稳定的工作和生活。

2018 年有一个学员来咨询过我个人定位的问题，他一直在纠结和探索自己的职业方向，到底是做课程顾问还是产品经理人。我站在多个角度上，给他做分析。

1. 3 个角度帮你找到人生出路

关于怎么找出路，我一般的建议是从自身角度、职业角度和市场角度来综合思考。

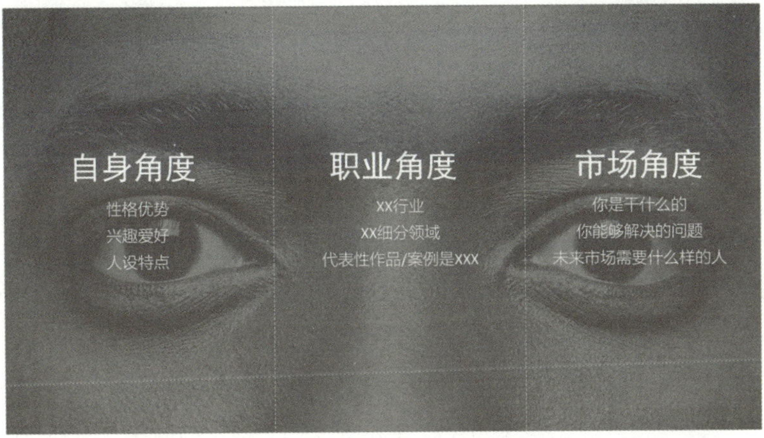

首先，从自身角度出发，深刻了解自己的性格特点。比如我的性格相对内向，不太擅长社交。看起来像是一个减分项，但这样的性格让我变得更沉稳，尤其在从事互联网领域的工作过程中，让我非常享受。

如果你现在还不够熟悉自己，建议可以去做性格评测，这样会帮助你更好地了解自己。

其次，站在职业的角度去思考。从所从事的工作去分析自己拥有哪些技能，对哪个行业细分领域比较熟悉？是否有自己的成功案例？只有把这些问题想清楚了，才会知道自己的价值到底在哪里。

最后，站在市场的角度去思考。只要一踏入社会，你能为市场和企业创造多少价值，决定你能获得的报酬。因此，你要思考自己到底可以解决哪些问题，未来的客户都在哪里？

2．短期快速试错，找到事业发展方向

通过对上面的 3 个角度分析后，实际上并不能快速了解自己未来更适合做什么，以及最终能在哪一个垂直细分领域获得成就。

两年后，上述的那位学员又给我发来一条消息，他说这两年做了很多尝试，在深圳一共换了 3 份工作，现在终于知道自己更适合做课程顾

问，目前已经拿到了 10 万年薪的 offer，马上晋升为课程顾问经理。

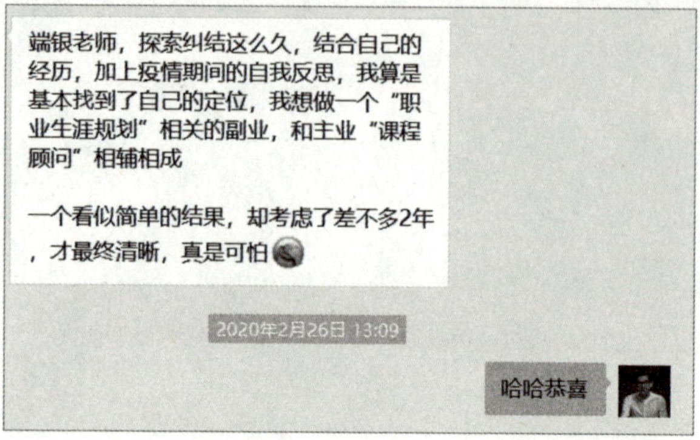

每个人所处的环境和机遇各不相同，没人能够直接给你指定路线，唯一的办法就是自救。建议年轻人在职场早期多做一些尝试，通过快速试错找到事业的发展方向。

在创业领域也一样，没有哪个生意是稳赚不赔的。试了才会有机会，不试就一点机会都没有。比如我身边的短视频创业者，他们一开始拍短视频也是尝试着拍，拍了一段时间后涨了不少粉丝，收入也增加了，于是赶紧大力投入。

追求稳定才是最大的谎言，只有不断试错才能找到出路。

1.3.2 选准赛道：选准拼搏赛道，一定有机会让你赢在未来

1. 有时候选择比努力更重要

我在上课时跟学员说过一句话：定位定方向。在个人奋斗的赛道上，选择往往比努力更重要。

我有一个同班同学，从高中到大学成绩都特别好。大学毕业后，他听从家人的建议参加事业编制考试。从大四第一学期就开始准备，连续考了两年，终于在毕业第一年后考上了老家的事业编制单位。

他的工作很稳定，月薪4 000元，单位离家比较近，平时还能够照顾父母。平日里的工作，虽然细碎烦琐，但始终没有太大的挑战性。久而久之，他对这份工作产生了厌烦，打算辞掉稳定的工作，去大城市闯闯。

像这样的真实案例不在于少数，很多人的成长赛道从一开始就被别人设计好了，包括去哪里上学、做什么工作和娶一个什么样的妻子。遗憾的是，很少人会认真去想自己的人生还有无数种可能。

2. 选对赛道，顺势而为

在创业期间，我认识一个做短视频创业的小伙子。他出生于1997年，大专学历，毕业第一年在广州做抖音运营实习生。他通过8个多月的研究和统筹，最终帮助公司获得40万粉丝用户。

老板看到他做出的成果后，给他安排了两个人，专门协助他一起做短视频探索。三个月后，他带着两个助手做出300多万粉丝的抖音矩阵，并拿到了公司年底的最高奖金，成为公司最年轻的部门经理。

一年后，他从公司辞职，成立了自己的短视频创业公司，公司一年净营不错。他靠短视频赚到了人生的第一桶金，也迎来了事业高速发展的第一春。

我跟他打过多次交道，有一次我问他："你成长这么快，最主要的原因是什么？"

他说："选对了路，踩到5G时代的风口上，顺势而为。"

3. 选对赛道，让你快速与同龄人拉开差距

很多人经常会对比与自己起点相似的同学，为什么有人在毕业几年后就能迅速地拉开距离？

其实，最直接的影响因素是你所选择的行业与工作性质。功不可没的是整个行业发展的红利周期整体放大了个人价值。

我回顾这几年的发展，也得出了相似的结论。如果我当年没有选

择互联网行业，没有选择微信朋友圈这个细分赛道，我可能还要再等5 ~ 10年才能获得今天的成绩。

所以说，选择赛道至关重要。

同样的起点，有人跑步，有人驾车，还有人直接搭飞机，其差距自然是越来越大。

1.4 学习提升：学习投资大脑，迅速提升个人能力

1.4.1 学习投资：坚持学习充电，是普通人最稳赚不赔的投资

很多人认为学业结束就意味着学习也结束了，等在社会上栽跟头后才意识到原来学习是那么重要。

1. 坚持投资学习，会让你变得越来越专业

这里的学习，指的不仅仅是跟着书本学习。书本是死的，人是活的，怎样才能学到书本上没有的知识？一方面，自己要广泛尝试，去挑战自己；另一方面，好好学习，跟人学、跟网学、跟事学。

回想起做实习生的经历，几乎所有的工作都是我没有接触过的，比如管理公众号、运营社群、搜集资料、管理线上内容团队、组织线下沙龙活动等。

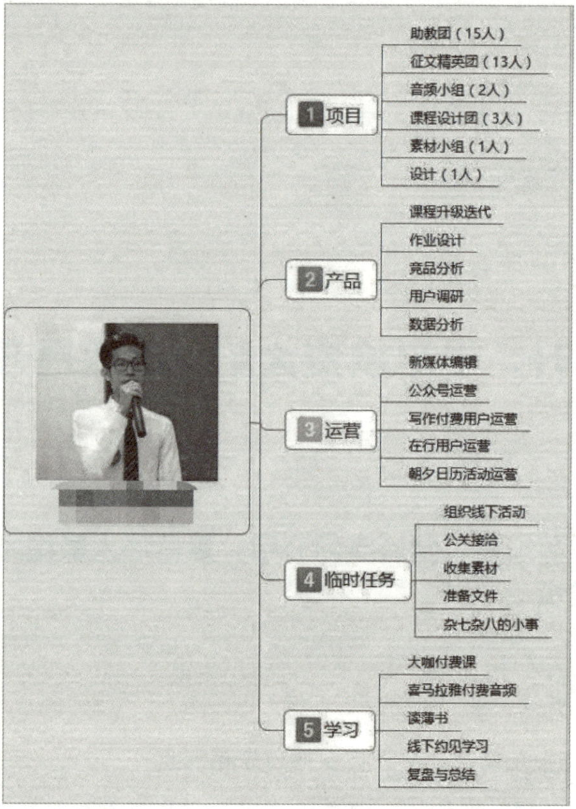

领导只是负责布置工作，让我在规定时间做出结果来。在职场上，很多时候都没有人会手把手带你，也没有人告诉你每件事情具体是怎么做的。

没人教怎么办？只能自学。

为了学会运营好一个社群，我几乎把市面上所有关于做社群的书都买了回来，每本书都至少精读 3 遍以上。除此之外，我还买了很多关于社群运营的课程学习。

为了能够面对面与专家学习，我多次参加社群运营大咖们的线下沙龙。有时还会付费约见资深的运营专家，听听他们是怎么运营社群的。

近几年，我在学习上每年投入都不少于5万元，而投资学习的钱每年都能翻十几倍赚回来。

2. 学习是摆脱中年危机的最好办法

面对中年危机最可怕的不是突然被裁，而是你从未想过学习转型。我身边有非常多中年突然崛起的真实故事。

我有一位四十几岁的学员，原来在一家机械厂上班，每天朝九晚五，月薪8 000元。

她这个人比较有危机感，一直想着在下班后开展副业，直到她学习了新媒体写作。一篇接一篇地写，她一直默默坚持了4年，现在她只靠写新媒体文章的收入就赶上了主业。

2020年，她做了一个写作付费社群，专门教别人新媒体写作的方法，有超过500人付费跟她学习。很快，当新媒体写作副业收入超过主业后，她勇敢辞掉了原来的工作，开了新媒体写作工作室，全职做新媒体写作培训班。

人到中年，当很多人开始向中年危机妥协，她选择通过学习来摆脱中年危机，也迎来个人事业的第二春。

如果这个世界上只有一种稳赚不赔的投资，那一定是学习。

只有不断学习才能让你跟上社会节奏，抓住那些实现自我价值的机会。

如果可以，请务必养成终身学习的习惯，它一定会让你受益终身。

1.4.2 提升能力：快速提升自我能力的学习系统，请务必践行

我能够从一个职场小白快速成长为细分领域专家，原因是我善于总结，并将其归纳成一个系统。只要按照这个系统的方法去实践，假以时日你的个人能力一定会突飞猛进。

这个系统由 5 个方法组成，分别是：高效学习——模仿应用——获取反馈——改良创新——复盘优化。这是一个迅速提升个人技能的闭环底层操作系统。

1. 高效学习

关于高效学习，我验证过比较有效的方法是费曼学习技巧。

费曼学习技巧是一种“以教为学”的学习方式，能够帮助我们提高知识的吸收效率，真正理解并学会运用知识。这个学习方法其实很简单，就是验证你是否真正掌握一个知识，能否用直白浅显的语言把复杂深奥的问题和知识讲清楚。

这个方法与我们传统的主动学习方式刚好相反。过去，我们学习都是听老师讲，而这个方法则强调你自己带着问题去学习，把学过的东西分享给身边的人，这样你的进步就会很快。

我公司有一个实习生，刚进公司的时候，对朋友圈运营一直不得要领。后来，我让他去学完我的课程，然后把学到的东西在社群给其他同学分享一遍。以教为学，他现在已经成长为朋友圈运营的高手了。

2. 模仿应用

会用比会学重要 100 倍。不知道你有没有认真观察，学生时代那些学习好的同学毕业后未必就比那些学习差的同学更优秀，因为学习成绩好并不代表动手应用能力强。

在上万名学员中，我发现变化最快的不是那些认真听课并写满笔记的同学，而是学完课程后立马就去模仿套用的同学。

朵妈是我课程的学员，2018 年就跟我学习怎么打造微信朋友圈。她只学了少部分课程后就立刻去模仿实践。结果，就有客户先后找她购买了两个 50 万保额的产品，效果相当显著。

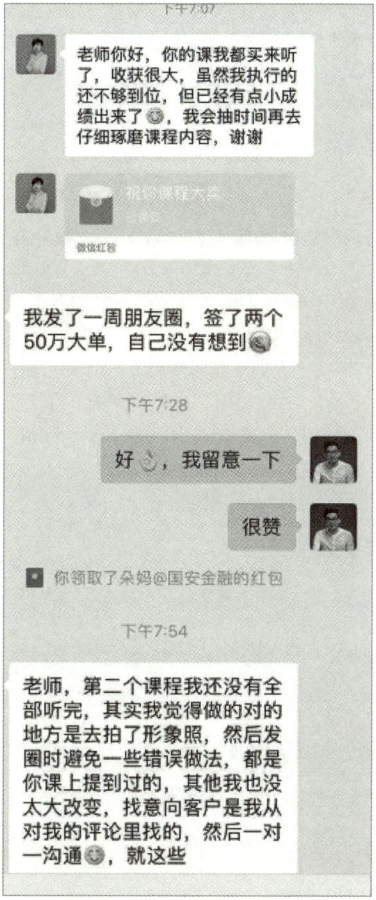

知识是死的，人是活的，只有把知识转化成生产力才有价值。

3. 获取反馈

模仿应用的过程中是没有标准答案的，因此我们很难一次性把一件事情做到尽善尽美。

比如，你要迅速提升写作技能，就不能独自一个人写。要学会把自己的文章发出去给读者看，然后根据文章数据来获取反馈。

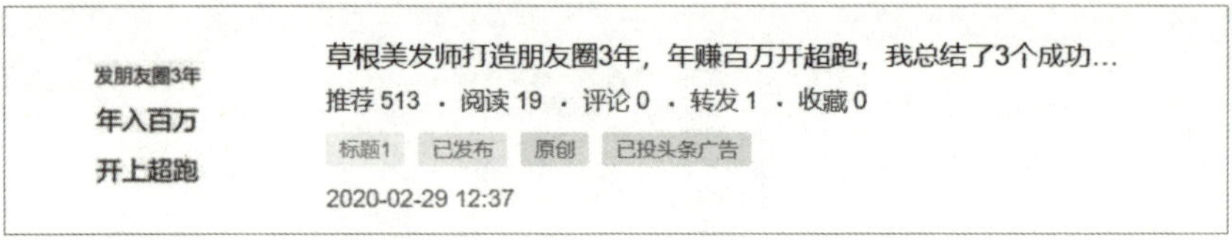

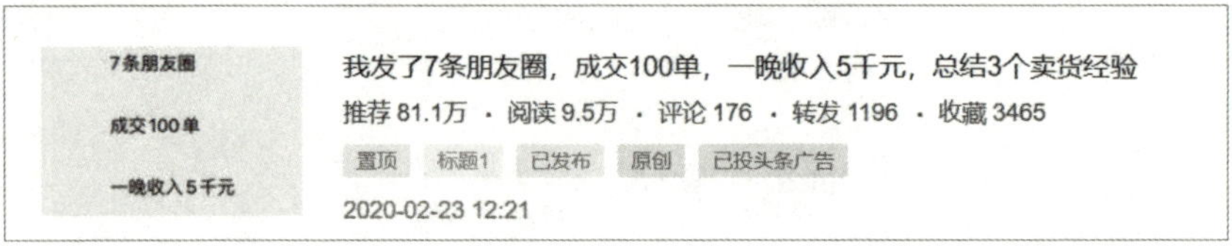

如上图，同样是写跟朋友圈有关的主题，第二篇文章的阅读量明显比第一篇得高。

根据数据反馈过来的信息，我会大致了解到平台用户的喜好，他们更喜欢看接近自己真实生活的内容。

获取反馈对个人能力提升起着非常重要的信息导向作用，我们要学会利用好正面和负面信息往更好的方向去发展。

4. 改良创新

我认识很多初创公司的老板，他们总是怀揣梦想，要做一些跟别人不一样的产品。后来结果怎样？大部分人都亏惨了。

其实，我们要做的是让本来有的东西变得更好。

在提升个人技能方面也一样，不要总想着去创造完全不同的技能出来。只要在实际应用的基础上，去做一些改良和创新，就会有很大的收获。

特别是当你从外界获取到反馈后，应该在第一时间去做适当的改良创新，这样做对提升个人技能最有帮助。

5. 复盘优化

高手们大多都有坚持复盘优化的好习惯，每天进步一点点。长此以往，个人技能就会逐渐达到炉火纯青的状态。

复盘优化的结构一般分为 4 个部分：

第一，复盘自己做过的事件；

第二，找出事件的优点和缺点；

第三，思考怎么优化和改进；

第四，写出未来改进的具体计划。

不管你学习任何技能，只要按照这五个方法重复进行，都能取得不错的成效。

本章干货精华

1. 人都喜欢待在舒适区里，那样最安全。可又会羡慕他人取得的成就，一边怨天尤人，一边不敢造梦，不敢去追求自己的理想。

2. 成年人的世界，没有容易二字。扛得住，才能留在大城市。

3. 莫欺少年穷！只要你坚持最初的梦想，用对的方法持续不断地努力，你会越来越靠近你的梦想。

4.《哈佛研究：9 个让你变穷的原因》的视频，列举了九大变穷原因，分别是：①犹豫不决；②拖延；③三分钟热度；④害怕拒绝；⑤自我设限；⑥逃避现实；⑦总找借口；⑧恐惧；⑨拒绝学习。

5. 选择走出去很难，风险很大，但往往机会与风险并存。如果你不勇敢地走出去，可能连一个机会都抓不住。建议你在职业生涯早期要敢于去尝试，敢于突破自己，坚持目标，不断积累，你的内在充实了，自然能得到相应的反馈。

6. 让你打败焦虑的 4 个秘诀：①不要抱怨，解决问题才是你唯一的出路；②拉下面子，抓住一切成长机会；③敢闯敢做，勇为先行；④努力行动，用成绩来说话。

7. 追求稳定才是最大的谎言，只有不断试错才能找到出路。一旦选准赛道，可以让你快速与同龄人拉开差距。

8. 坚持学习，才是普通人最保值的投资方式。如果可以，请务必养成终身学习的习惯，它一定会让你受益终身。

9. 让你快速提升个人能力的学习系统由五个方法组成，分别是：高效学习——模仿应用——获取反馈——改良创新——复盘优化。

第 2 章 掌握硬核思维

2.1 价值思维：持续做对未来有高价值回报的事情

2.1.1 结果思维：告别低质量勤奋，才能产出高质量的结果

1. 有些副业只是低质量重复工作

相信你也经常在朋友圈里看到有人宣传“副业刚需”的理念吧？

人人都想提高生活质量，到底要不要做副业？不少人来咨询过这个问题，下面一起来分析一下。

上班时间工作，下班后去做美团骑手、滴滴司机、微商，毕竟多做一份工作就能多一份收入。

很多人理解的副业是除主业外的事业，美其名曰“人生 PLAN B”，并开始大肆宣传“搞副业，已经是成年人该有的觉悟了。”

我认为这种理解不完全正确。

很多人可能都想过这些“副业”始终是在拿时间换钱，每天都在做低质量、无限重复的工作，而且极其容易被取代。比如送外卖跑腿，一天辛辛苦苦才换来百十来块钱，一旦不跑就没有收入。

拼体力的活一定存在着明显的弱肉强食关系，你永远跑不过那些比你年轻力壮的小伙子。

这只能叫血汗辛苦钱，不能叫副业开源。

我真正理解上面这句话时，刚好 19 岁。前文提到我在上大学时，曾利用寒假期间在一间酒店做保洁员，工作一个月收入 2 400 元。

跟我一起做保洁员的阿姨们平均年龄 45 岁，同样的“副业”我想就算再干 25 年，我的收入也跟这些阿姨们相差无几。

自从那次工作后，我发誓这辈子都要靠脑力提高收入。

那次寒假结束以后，我在大学里做销售类的兼职工作，但我发现这个工作是不可持续的，一旦大学毕业就很难再有这样的机会了。

至此，我明白了一个道理，靠脑力仍然是赚辛苦钱，而且不可持续。

2. 告别低质量工作，先让自己值钱

人这一生长时间做低质量的副业，你的收入很难赶得上各种生活支出。

而且随着年龄增大，你的身体状况会大不如从前。一个小小的健康问题都有可能让一个原本并不怎么富裕的家庭雪上加霜。

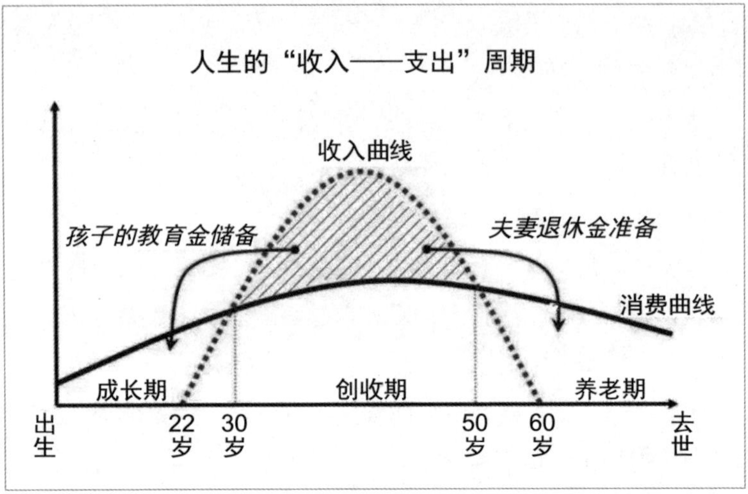

在支出不变的情况下，唯一能让你生活质量有所提升的是指数性提高你的开源能力。只有当你的收入远远大于支出时，才能真正实现财富自由。

20 ~ 30 岁是提升开源能力的分水岭，能够在这个阶段积累到开源能力的人，未来才有机会累积到财富。

所以说，20 ~ 30 岁的你应该把最宝贵的时间花在提升能力上，让自己成为一个更有价值的人，而不是陷入各种低质量勤奋且无限重复的兼职上。

我认为真正的副业应该称之为“复业”，是可以产生复利效应的事业，就像滚雪球一样越做越大。

这种复业的好处至少有两个：一个是能够帮助你提升个人能力，另一个帮你累积财富。

我有一位朋友 @ 付杰兄弟，“95 后”，毕业后就职于某世界 500 强企业。两年后，他离职回老家四川创业，主要业务是帮助企业做项目操盘。

之前他发微信跟我说，还想再提升一下工作能力，刚好现在有项目操盘方面的导师邀请他去助手，他问我要不要去？

我反问：“你到底是想提升能力，还是想开源？”其实，他心里早就有答案了。

前些天，他发微信跟我说，已经买了火车票，过几天就去上班。

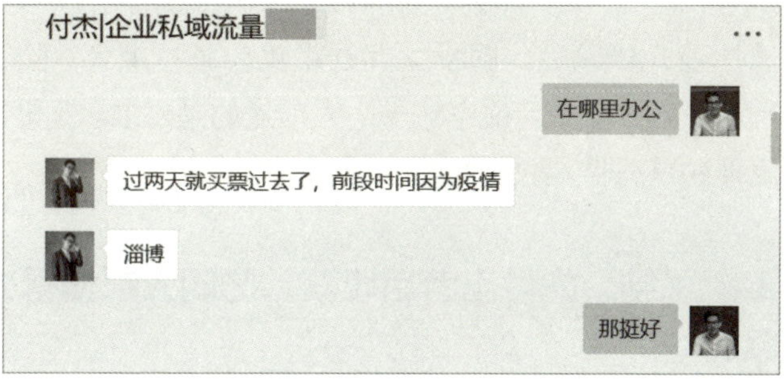

我经常跟我的助手 @ 银溪说：“你不是在为我工作，是在为你自己工作。我只不过刚好解决了你的生活之忧，而你也刚好帮我做了一些事情，最后收获最大的依然是你。毕竟能力谁也拿不走！”

在职场早期的 3 ~ 5 年，绝大部分人都在上班，根本存不了多少钱，而靠创业致富的人概率更低。

因此，我建议大家多去关注工作给自己的能力提升，而不是过于关注那些低质量收入的“副业”，搞不好还会影响到自己的主业工作。

3. 以结果为导向思维，做有长期回报的事业

优秀的人都注重结果导向思维，懂得舍弃短期的蝇头小利，把职场黄金时间用于工作能力提升才是最明智的选择。

在自我提升这条路上，你或早或晚都要走，越晚走的人风险越大，因为未来家庭的压力随时会把自己拖垮。到那时，想不变平庸都难。

关于复业带来的财富积累，我的主要判断是：它能否给我带来持续性的长期回报，包括财富和个人品牌溢价。

经常有人来找我投广告或分销卖产品，我大多都会拒绝。因为短期看起来能赚到钱的好事往往最消耗信任和流量。反之，我更愿意让新产品去帮助更多的人，你自然能获得相应的回报。

如果你不甘于平庸，如果你想在未来指数性提高个人收入，那么你可能需要舍弃短期利益，聚焦于更长远的复利事业。

思维决定想法，想法决定选择，选择决定行动，行动决定结果。

为什么毕业几年以后，同学之间的距离会越拉越大？除了个人能力、环境因素以外，最有可能影响一个人前途的是思维。是缺少以结果为导向的思维和提高收入的能力。

2.1.2　奉献思维：先付出者后收获，聪明人都懂得先燃烧自己

不少学员和粉丝都很好奇我在早期是如何起步的？我总结下来就是两个字——付出。

1. 付出会让你获得更多发展机会

初入职场的新人大部分都没有很强的工作能力和工作经验，如果不是985和211等名校毕业的学生，可能连找到一份像样的工作都很艰难。

我当年同样也面临着这样的窘境，非常恐慌。

好在我当时就业心态比较好，已经做好了准备，哪怕不发工资，我也愿意做我喜欢的工作。

事情发展是这样的。在大四期间，我为了寻找出路，经常在网上学习。有一次报名学习写作课，我发现课程特别好，也很喜欢老师的讲课风格。

虽然我上的只是普通的网课，但是我每次都会提前半个小时来听课。

上完课后，不管多忙都会在当天晚上12点前上交作业。一个月后，我抓住了一次主动分享的机会，成为200多位社群成员中为数不多的优秀学员。

成为优秀学员后，我又主动请缨免费做老师的小助手，帮忙收集和查看作业，再到后来帮忙管理社群。

就这样，坚持做了两个月后，渐渐获得老师的信任，最终从免费兼职成为全职助手。

再到后来，我在新媒体圈小有名气后，做了一个1 000人的付费微信社群。当时有个女生主动来找到我，说想当我的线上助手，免费帮我运营社群。

那时，我还在深圳上班，实在没精力做太多事情。于是，就同意了她的请求。

这位女生特别有耐心、也特别细心并懂得付出，经常熬夜帮我策划各种社群活动，遇到不懂的问题主动咨询我，甚至还自费去学习社群运营技能。

兼职帮我运营社群一年后，她的运营能力得到了极大的提升，再到后来她自己也建立了新的付费社群，靠运营社群收获不菲。

她就是@小鹿，一个特别努力、特别懂得付出的女生。

没有高学历和资源并没有太大的关系，如果你懂得付出，依然不缺发展机会。

以上的思路，你也完全可以复制，先找到同行业或者同领域的专家，寻找免费机会，学习积累经验，谋求新发展。

先付出者后收获，真正聪明的人都懂得先燃烧自己，再照亮别人。

2. 先付出者后收获，付出赢得更多生意

2019年，我花了几万元去参加了一个全球商业联盟。

商业联盟里有7条价值观：

（1）付出者收获；

（2）终身学习；

（3）传统 + 创新；

（4）保持正面积极；

（5）建立有意义的关系；

（6）当责与承担；

（7）认可嘉许。

你可能会好奇，为什么要把付出放在第一位呢？

这和商业联盟的运转机制有关。我们每周五有一个早会，会邀约来宾参加会议，同时在会议上介绍自己的业务。

商会联盟里所有的人都互换名片，积极为联盟的每一位会员介绍业务。这样做的好处是什么？

原来我们做生意，客源非常有限。在商会里，会有 50 个企业负责人为你介绍业务，而且不收取一分钱佣金，回报则是你也要为对方介绍生意。这样一来，是不是就拥有50个市场总监免费为你做推广了？

我非常认同“主动付出的人，付出越多收获就越多。”的价值观，并且一直在践行，同时我也验证了这句话的价值。

我曾经靠这个理念帮助团队签约了一份大的合同。

整件事情的经过是这样的。

我参加全球商业联盟遇到了广州本地开有9家健身连锁的管理者Nicole，当时他们需要线上服务团队，刚好我的团队擅长做线上运营服务。

为了获得这单生意，我的整个团队直接到他们的健身会所工作，每天从早上10点到晚上12点。

团队中的@帮主在这次工作中累到虚脱，手捧着葡萄糖续命。

连续工作了4天4夜后，我们成功帮助对方完成线下健身课的销售目标，也因此获得了Nicole的信任，最终我们签下了大合同。

我们早期付出非常多，看起来像是亏了，却赢得了客户的信任，拿到合作机会。

在创业过程中，拥有奉献的思维很重要，先付出者后收获，付出者有机会赢得更多生意。

2.1.3 价值思维：获得自我实现与他人认可最好的方式就是持续创造价值

现在很多人都说想创业，不想给别人打工。其实，不管是创业还是打工，都是给自己干的，不是给别人干的。工作的意义不仅仅是为了赚钱，也是经验、能力和资源的积累。

以结果导向思维思考，创业和打工最终的目的都是为了实现自我价值，获得他人认可。

而要获得这一切，就必须要懂得创造价值。

1. 职场不是学校，而是你实现自我价值的地方

我曾经面试过一个比较看好的实习生，遗憾的是他并没有通过我的面试。

之所以看好这位实习生，是因为他在面试之前做了大量的准备工作，让我很欣赏。

他先是把我所有的公众号文章读了一遍，了解我的过去和我们公司的项目。

其次，他制作了一份非常精美的个人简历，罗列了在校期间所取得的成绩。

最后，我们在交谈时，他的表达能力也相对较好，能够自如地回答我的问题。

然而，我最终并没有录取他。原因是，我们在交谈过程中，他始终给我传递了一个不好的信号。

他的原话是这样说的：“端银老师，我从大三就开始看您的公众号了，还买过你的课程学习，特别想近距离跟你学习。”

其实，我特别害怕这样的员工，来我公司第一目的竟然不是为了工作，而是想学习。

有非常多的职场新人都搞错方向了，以为职场是学校，殊不知你去学校是要交学费的，而在职场是要给你发工资的。

如果他当时这么说，我大概率会录用他。

“端银老师，我从大三就开始看你的公众号信息了，还买过你的课程学习。接下来，我希望能够和你一起工作，努力为公司效劳，同时也会在下班后保持学习提升，争取在以后工作中为公司创造更大的价值。”

职场是工作的地方，是你实现自我价值的地方。工作8小时之内，你的时间是属于公司的，必须要好好工作才能对得起公司领导给你发的薪水。下班后的8小时，可以自由支配用于提升自己，学习是你个人的事。

2. 持续创造价值才是最好的竞争力

从踏入职场的那一刻开始，大学那种安逸舒坦的日子将与你无缘。

如果想要获得高收入，就必须持续提升个人竞争力，努力为公司和社会创造价值。

我在深圳工作的第二年，进入了当时全国排名前三的营销咨询公司。进公司不久，就遇到了裁员事件。

我所在的线上教育部门，在一个星期内从原来的12人裁员到4人。然而在这次的公司裁员事件中，我并没有感到一丝的慌张。

我非常清楚自己在这个部门当中所扮演的重要角色。

当时，我的职位是课程策划经理，主要负责的工作是课程策划和课程推广。简单点来说，从制作课程到销售课程的关键环节都是我在负责，这样的工作直接跟部门的业绩挂钩。

此外，我还有一个身份是公司的签约讲师，我独立开发的课程在当时已有相当不错的销售业绩。

你为公司创造的价值往往决定了你的地位，你创造的价值越大，不可替代性就越大。

有不少职场人到中年以后，特别害怕突然被裁。反过来想，如果你在几十年的职场中提前做好准备，掌握不可替代的技能，哪怕公司破产你依然也能自力更生。

3. 持续创造价值，更容易获得升职加薪机会

在职场中，你一定会看到有一些看起来能力并不是最强的人，往往也能获得升职加薪的机会。背后的原因到底是什么呢?

我有一个好朋友在国内顶尖的新媒体公司工作，1 年内连升 2 级，从一个普通职员升到部门经理。

第一次升职是在她工作半年后，公司花了 50 多万做广告投放，效果却不尽如人意。

公司要求一定要查明原因，当时部门里的人都找不出具体的原因。直到我那位好朋友通过公众号阅读量数据的搜索和监控，抓到了广告投放公司“刷量”的把柄。

因为“刷量”证据确凿，最终得以追回公司投放的 50 万元广告费用。为此，公司领导很认可她的能力，就把她调去商务部门做了主管。

在职场中，谁能够为公司解决麻烦，就是变相为公司创造价值，也将有更多升职加薪的机会。

第二次升职是在她工作 1 年后，当时公司正在筹备新产品的发布，为了找到推广渠道，公司准备了 120 万的推广预算。

她平时喜欢社交，积累了不少渠道资源。就在项目开启 3 天后，她通过在同行朋友圈里发布推广求助信息，很快就完成了推广目标，轰动了整个部门，成功晋升为公司商务部门经理，再一次实现了升职加薪的愿望。

在职场上，有两种人深受领导喜爱：一种是能够为公司解决问题的

人；另一种是能够为公司增加收入的人。

如果你两者都符合，说明你一直在给公司创造价值，未来不管你到哪一家公司都会成为受欢迎的人。

2.2 逆向思维：没有背景，没有经验也能在职场中脱颖而出

2.2.1 成功求职：不用简历也能成功求职，他是怎么做到的

99.9% 的人都是通过个人简历来求职的，但面试官每天要从海量的简历中注意到你是非常困难的，而要从中脱颖而出更是难上加难。

1. 美国著名的逆向思维求职案例

通过简历求职是正向思维，那么我们能不能换一种思路，用逆向思维来求职呢？

美国历史中有两个年轻人，他们用不同寻常的方法来获取潜在雇主的注意力，从而找到了自己心仪的工作。

其中一个年轻人使用了让人意想不到的求职方式，即他把那一封精心撰写的求职信放在瓶子里寄给了 81 家广告公司，说明他现在被困，急需一份工作。

这份邮件很快就得到了众多企业人事部门负责人的关注，他如愿以偿得到了自己想要的工作。

另外一个年轻人将他的求职信息印在了火柴盒上，每到一家公司，都会留下一个同样火柴盒。这位年轻人也同样成功地找到了自己心仪的工作。

这两个求职案例告诉我们，用逆向思维容易引起企业 HR 的关注，可以迅速从众多的求职者中脱颖而出。

2. 只靠 5 条朋友圈是如何成功求职的

在互联网时代，我们不再使用求职信来求职，有非常多的媒介可供我们发挥自己的才能。

有一天，突然有一个 HR 发微信给我说：“端银，你的课程做得不错，我也买了！我们想跟你合作，明天有时间来我们公司聊聊吗？”

当时因在家办公，心想这兴许是个机会，于是我就答应了。

在收到邀约之前，我已经发了如下的 5 条朋友圈：

第一条：突出个人实力

这条朋友圈主要介绍的是自己开发了一个课程，证实短期销量很高。

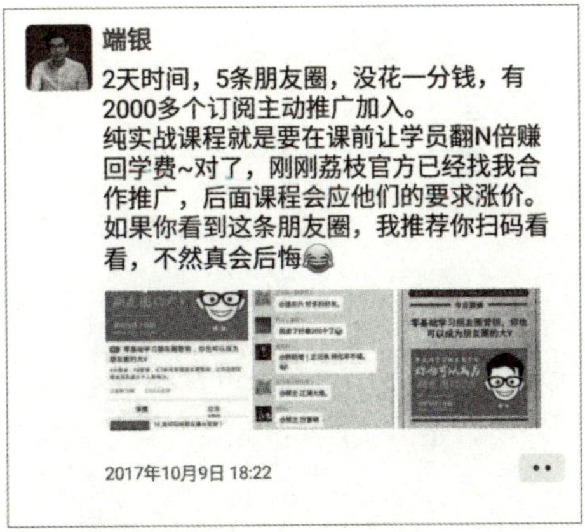

工作实力很强，不代表你的价值就会被其他企业直观发现。所以，要懂得去展示自己的实力，时不时通过你的朋友圈发出你在工作中的高光表现和取得的成果。你不展示，别人永远不知道你付出了什么，更不知道你过去有多么优秀。

第二条：展示同行推荐和评价

这条朋友圈是新媒体行业内前辈们对我的评价和推荐，也是一种个人能力和社会资源的展示。

第三条：借助平台背书

这条朋友圈是当时课程已经获得大平台的推荐，获得 1.7 万人气，借势平台力量来为自己加持。

第二天，我到对方公司后，他直接带我参观，这是一家全国排名前三的营销咨询策划公司，整体上还不错。

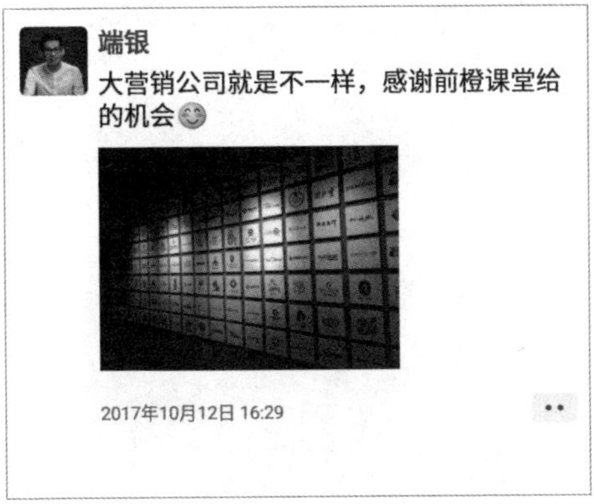

HR 全程并没有看我的简历，只是问我怎么把课程卖到上万人的。我一五一十地告诉他全部的流程后，他开始问我有没有兴趣加入他们的公司，期待的薪酬是多少？

其实，我那时候心里最期待的薪酬是税后月入过万。再加上，从被邀约去面试到分享我的课程策划经验，全程都是我在占据主动权。于是，我本能地往高了说，期待拿到 15K 的薪酬。

第一次交谈，我们并没有正式定下合作关系。对方只是说，需要跟公司报备一下，让我回去等通知。

当时，也没有特别在意是否能应聘上这份工作。回去以后，我继续埋头推广课程，很快课程人气就从 1.7 万人上涨到了 3 万人。

不少人去应聘一份工作只会说自己实力有多强，不如同行业界前辈给你写的一封引荐信，更不如你在平台方获得的资质认证。我曾经在朋友圈发出中国广告协会颁发的讲师认证，多次获得甲方企业内训的邀约。

如果你还懂得把借助外界的力量展示到你的朋友圈，就会大大增加你应聘高薪工作的成功率。

第四条：展示优秀作品

我做了一个炫酷的文字云图片，发到朋友圈持续造势。

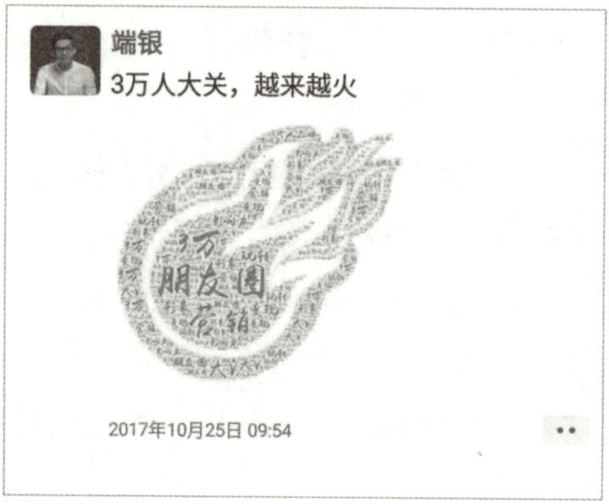

第五条：体现工作态度

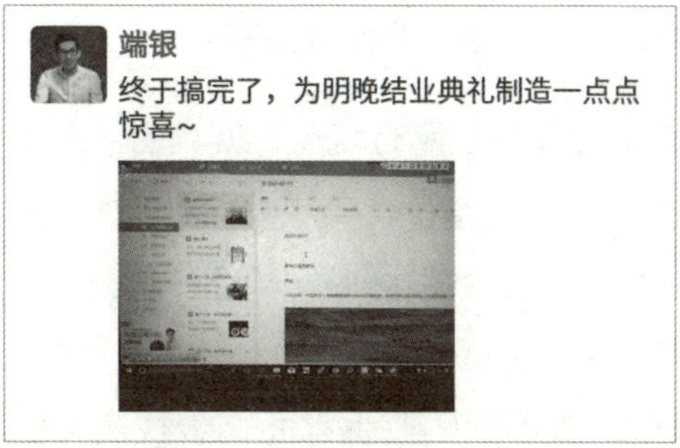

这条朋友圈是在凌晨 1 点 20 分发的，当时也没有太刻意，只是想借此通知我朋友圈的学员们，预告第二天的课程结业典礼会有惊喜。

没想到只隔了一天，好消息就来了。那位 HR 再一次邀请我去他们公司面谈，这一次我们确定了合作关系，我也成功拿到了 10K（税后）的薪酬。

工作能力好，不代表你就是公司最想要的那个人。在职场上，几乎所有公司都需要有团队合作精神和与企业共渡难关的员工。

如果你刚好也是这样的人，不妨在你的朋友圈展示平时是怎么工作的，你的领导完全可以从你的朋友圈里看出你的工作态度。

3. 举一反三，逆向思维求职还可以这么做

如果你想应聘设计师，可提前设计一份独具特色的个人简介；如果你想应聘商务职位，可邀请行业专家为你写推荐语；如果你想应聘短视频类工作，可制作高播放量的视频内容。最后，总结逆向思维求职的 3 个核心：

①迅速引起面试 HR 的注意力；

②在众多面试者凸显你的与众不同；

③快速展示你的个人能力和人际关系。

2.2.2 学会销售：普通人如何逆袭

有人问：不是名校出身且跨行就业，就真的一点机会都没有吗？

未必。我认识的一个非常优秀的“95后”，他曾经是三流大学的差等生，每个学年都是班级倒数后三名，却凭一篇公众号文章成功获得了一份名企的新媒体实习工作。

2016年的暑期，有不少毕业生都面临着找实习的难题。这位“95后”，在专业上没有任何的优势。

那么，面对如此不利的就业窘境，他是如何逆袭的呢？

1．主动试错，扭转被动局面

早在毕业前一年，他就已经察觉到未来一年的就业危机。

由于他对原专业并不感兴趣，也深知不管自己再怎么努力，都不会在原专业上深耕出太多令人可喜的成绩。

于是，他趁大学里还有充裕的时间可利用，提前一年去寻找自己感兴趣的领域。但一开始并不知道自己真正喜欢做的是什么，更不知道自己能做什么？

因此，他只能不断去试错。通过一年时间不断地尝试，他终于找到一个喜欢的领域——新媒体领域。

在长达一年时间里，他付费几千元学习新媒体领域的课程，并主动向新媒体行业的前辈们学习。

在试错与学习的过程中，他练就了一些基本的新媒体从业技能，比如：文案写作能力、微信公众号和微信群运营的能力等。

正是因为这些基础能力让他扭转了以往专业被动的劣势局面，也让他对未来的就业充满信心。

2．不走寻常路，用逆向思维求职

在一年的磨炼中，他养成了一种思维切换的习惯。当他购买了行业专家老师的课程后，并没有乖乖地去听课、交作业。而是以终为始，用逆向思维直接找到某公司的微信公众号，花1个多月的时间去研究它的不足，接着从课程中去寻找解决方案。

同样地，在求职的过程中，他依旧不走寻常路，而是用逆向思维，跳过企业HR，直接向企业领导求职。这样一来，就可以轻松地避免许多无谓的求职竞争压力。

3. 逆向思考，挖掘个人价值

虽然直接向企业领导求职是一条可以考虑的捷径，但这样做的压力一点也不比直接参加面试的小。

要知道企业的领导是非常忙碌的，他为什么要搭理你一个小小的实习生呢？他为什么要给你一个就业的机会？他会不会直接让下面的人力资源部门的负责人接手？

看到这里，我们不妨做一个逆向思考。假如你是企业领导，会因为什么原因愿意把时间花在一个实习生的身上？

他最在意的当然是他认为最有价值的东西、最能取得好结果的东西、最能帮助他的企业解决痛点问题的东西……

而假如你能帮他做到这些，那么即使他暂时没空搭理你，我相信他也会在需要解决问题时，第一时间想起你。

做完逆向思考之后，他就努力去挖掘自己身上的价值，去思考自己能为企业做什么。

经过深思熟虑之后，他发现这位企业领导根本不缺钱也不缺人才，缺的是能解决企业痛点的方案。

而这个痛点也就是这家企业微信公众号运营存在的问题，这恰恰是这位“95后”相对擅长做的事情。

4. 即刻行动，不断优化

确定方向后，他立马开始行动。

他将这家企业微信公众号在运营中出现的具体问题进行收集并汇总好。然后，关注该公司同行中做得比较好的微信公众号，带着问题去学习课程。

后来，他写了一份近万字关于这家企业微信公众号运营的升级提案，反复修改60多遍。

他之所以这么努力，是因为他必须要像一位专业的微信运营操盘手一样，竭尽全力地去写出最优化的提案。

也只有这样，他写出来的东西才能真正为对方所用，否则就是给对方制造不必要的麻烦，也失去了求职的机会。

5. 组织语言，解决对方的痛点

具体是怎么做到的呢？

首先，他写出三点非常重要的商业价值，一下子就引起了企业领导的注意和重视。因为这三点都是为企业节省成本，能发掘出更大的商业价值。

其次，呈现自己的观点，告知对方为什么要这样做，这样做的好处是什么，说服对方接受他的观点。

最后，给出具体建议，并附上具体的操作方案。结尾部分再顺便表明自己的求职需求，希望企业领导考虑。

当他把以上的方案发给企业领导后，企业领导在第一时间就回复了他，问他在哪里上班？并希望他能到公司就职。

就这样，这位“95后”顺利获得了一份实习工作的机会。

读到这里，你一定会很好奇为什么一个实习生会拥有一个大企业领导的微信呢？

说来也巧，在2016年大年初一那天，这位“95后”曾在这家企业旗下的旅游景点策划并举办了一场志愿捐书活动。因为一次公益活动，他有机会添加了这位领导的微信。

先付出者后收获，如果当初他没有去策划那一次的捐书活动，或许根本就没有机会连接到企业领导。如果他没有努力地去为对方创造价值并提供解决方案，那么也不可能顺利地通过这种方式求职成功。

正如歌词写的：“人生没有白走的路，每一步都算数。”

不管你的学历如何，也不管你学习成绩怎样，只要你拥有逆向思维，拥有利他的奉献思维，相信你总能找到一个实现个人价值的机会。

而这样的思维往往都是受益终身的。

2.2.3 职场晋升：打破固有思维，挑战无限可能

一个人最大的敌人是自己的惯性思维！

惯性思维即思维定势，是指人们在考虑研究问题时，总是用固定的

模式或思路进行思考与分析，从而解决问题的倾向。

什么叫逆向思维呢？即打破固有思维，突破思维的惯性去做事情。

下面给你讲 3 个故事：

故事一：懒马效应

有两匹马各拉一辆货车。一匹马走得快，另一匹马走路慢腾腾的。于是主人把后面的货全搬到前面。

后面的马笑了："切！越努力越遭折磨！"

谁知主人后来想：既然一匹马就能拉车，为什么养两匹马浪费粮食？

最后，懒马被主人宰掉吃了。这就是经济学中的懒马效应。

在职场中，总有人干活偷工减料，甚至还会嘲笑那些兢兢业业的人免费给公司加班。

而一旦企业发生危机或者重大裁员事件，第一批被裁的都是平时懒散的人，毕竟他们是可有可无之人。

故事二：微习惯（1）

说到微习惯，我不得不提到一个优秀学员陈崇心，他是前阿里巴巴渠道资深大客户销售经理。他有个很好的微习惯就是每天固定回访两个老客户，一个月下来竟然让 60 名老客户成为他的忠实粉丝。

更让人难以置信的是，就靠这个微习惯，每个月大概有 3 ~ 5 名老客户主动为他转介绍签约，帮助他带来很多大的订单。

他利用下班后的 8 小时，做了一个公众号"陈崇心"，专门用来做工作复盘，顺便分享自己成功的销售经验。

通过复盘微习惯让他吸取工作中的不足，同时也学会复制自己的成功经验，还帮助公司培养了 2 名销售冠军（下称销冠）。

通过复盘，他总结了一套微信大客户成交的方法，靠这个方法顺利成为阿里巴巴渠道的大客户销冠。

很多人在下班后回到家，不是躺在床上休息就是追剧、玩游戏、看视频。

只有极少数人会把握住下班后的自我增值时间，更少有人愿意为了提升自己而努力学习。

有的人在职场待十年，除了岁月徒增，并没有太多改变。也有人工作几年后就风生水起。

同样的职场环境，因为思维不同，最终导致的结局也不同，你与同事的距离越拉越大。

故事二：微习惯（2）

14 岁的李嘉诚开始“行街仔”的推销生涯，从此渐入佳境，直至连续 15 年蝉联华人首富宝座。

李嘉诚有一个微习惯，不论几点睡觉，一定在清晨 5 点 59 分闹铃响后起床。随后，他会听新闻，再打一个半小时高尔夫。

他认为打高尔夫的重点是打每一球时都保持冷静，要有规划。他一定在每天 6 点下班，回家后除了拨打越洋电话，还有两件必修功课：跟着有字幕的英语节目大声朗读，以及夜晚的阅读。

这两个工作都意味着一点：他最大的恐惧在于错过见证世界的变化。

故事三：ATM 机器故障

一男子夜间去银行 ATM 机取款，刚好遇到机器故障，1 万元被机器吞掉。男子随机联系银行，却被告知要等到天亮才能处理。

男子绞尽脑汁地想，突然灵机一动，使用公用电话致电银行客服，就说了一句话。5 分钟后，银行维修人员赶到，你猜这位男子说什么？

他在电话里说，刚刚取钱时，发现 ATM 机多出来 2 万元。

当你没有触及他人利益时，别人始终不会在你的身上花时间，也不会尽快帮你解决麻烦。

当你学会逆向思维后，只需要把发生在自己身上的事情跟对方的利益关联起来，对方就会主动帮你解决问题。

在职场中，我就遇到过这样的问题。当时，想请求同事帮我完成一个报表申请，结果同事一直说很忙，这件事就这样被拖了好几天。当然，我也清楚毕竟同事一场，大家都是来工作的，人家帮你是情分，不帮你也很正常。

直到后来，一位老同事支了一招，我才完成了报表的申请。

要特别谨慎你的惯性思维，它可能会一直影响着你，让你慢慢变得平庸。掌握逆向思维，会让你在事业发展中更加成功。

2.3 杠杆思维：借力杠杆，助你加速崛起

2.3.1 杠杆思维：比你的能力重要100倍

1. 什么是杠杆思维

杠杆思维就是用极小的成本去撬动极大的资源，从而做到收益最大化。

阿基米德有一条名言：给我一个支点，我能撬动整个地球。

“撬动杠杆”的诀窍在于，找到推动事情发展的决定性因素。而决定性因素即是这个杠杆的支点。

毕业几年后，为什么同学之间的距离越拉越大？

有的人工作了几十年还是那副老样子，有的“95后”“00后”毕业没多久就能获得可喜成绩。

有人说是因为能力，也有人说是因为选择，还有人说是因为市场环境的影响。而我认为，人与人之间的差距往往都是因为思维不同造成的。

最硬核的思维往往要比你的个人能力更加重要，尤其是杠杆思维。

当你掌握并能灵活使用杠杆思维，事业腾飞指日可待。

2. 利用杠杆思维，实现人生跃迁

2017年我大学毕业，短短3年时间，我的事业已经发生了翻天覆地的变化，连自己都没有想到。

刚到深圳实习时，拿着月薪1 000元的工资做实习生；7个月后顺利进入大公司做课程策划经理；9个月后裸辞公司联合创始人，成为自由职业者。

每一次的跃迁，都归功于使用杠杆思维。当然，跃迁的过程也承受着常人难以忍受的撕裂般痛苦。

从实习生到课程策划经理，我一直在使用杠杆思维，做课程本身就是一个巨大的效率杠杆，只需要一周左右的时间生产课程，后续就能够通过售卖课程获得无边界的收益。

后来从课程策划经理到自由职业者，我用杠杆思维找到了可持续的盈利业务。

自由职业本身也是巨大的效率杠杆，我通过撰写文案并销售，我的成交技能让我收获巨大。招募文案只写一次，写好文案后发给感兴趣的意向客户，客户看完招募文案后，会选择付款获得价值服务。直到现在，每天只需要花5个小时工作，剩下的时间就可以用来学习运营、营销文案和短视频制作等技能。

3. 财富的四大层次

财富大概有四个层次。

第一层，用体力开源。同一份时间，出售一次，主要靠卖体力，典型代表如农民工。

第二层，用产品开源。同一份时间，出售多次，典型代表如互联网讲师，课程生产一次，可出售N次。

第三层，用资源开源。把大量的资源整合在一起出售，典型代表如

包租公。他们在大城市建好房子后，通过租赁房屋创收。

第四层，用财富来开源。先购买别人的时间，创造了价值，然后再卖出去。典型代表如企业老板和投资人。

从第一层到第四层，人与人之间最大的差距主要体现在杠杆思维的使用上。

比如：干工地、干搬运的农民工，大部分靠体力开源，随着年龄的增长，可发挥的价值越来越小，他们的杠杆效率越来越低，杠杆效率比几乎等同于 1:1。

而擅于做投资的富人，杠杆效率极高，他们整天思考的是怎么实现收益最大化。

4. 如何使用杠杆思维提高效率

杠杆思维的使用，本质上是在提高效率。

为什么工厂使用机器替代人工，因为机器能运转 24 小时；

为什么高铁能成为主流交通工具，因为效率高；

为什么人工智能越来越火，因为效率更高。

懂得思考的人与普通人最大的差距就在于杠杆思维的应用。他们每做一件事情，总是在为多个目标服务。

我认识一个非常厉害的行业大 V，他是这样销售产品的：在售卖 A 产品时，把 90% 的利润让出去，并且在 A 产品中植入 B 产品的价值和使用效果。当客户以极其实惠的价格体验了 A 产品后，发现服务与效果极好，就很顺其自然接受 B 产品。

这样一来，比单卖 A 产品的利润多出好几倍。

所以说，掌握并灵活使用杠杆思维比你的能力重要 100 倍。

2.3.2 杠杆撬动：没资源、没资历如何获得行内人士认可

1. 普通人思维 VS 精英思维

想要成为职场精英，我们首先要学习精英的思维模式。

普通人经常这样想，我有什么资源就做什么事。所以他们经常会说，我没资源、没资历、没本钱，这个事情我做不了。

精英们却这样想，我要做成一件事情需要什么资源，只要找到这些资源就能做成事。

普通人家里有青菜，所以他们炒了一盘青菜。精英们家里有一盘青菜，他们会把身边的有鱼、有肉的朋友邀请过来，大家一起做一桌豪华大餐。

普通人由于思维局限，很难跳出原来的圈层，一辈子都不怎么富裕，而精英能够打破思维局限，利用杠杆撬动资源，哪怕只成功一次就可能跳出了原来的圈层。

2. 没资源、没资历，如何获得大 V 帮助

2017 年，我辞职后从零开发了一门课程，由于没有流量资源，也没有知名度，特别担心这个课程卖不掉。

我想了几天，终于找到一个方法，寻找课程推手的帮忙。从哪里找课程推手呢？我打开微信通讯录找了几个有粉丝、有流量的大 V。

这几个大 V 中，只有一个是见过面并且有交流过的。所以，我优先找到了他。

我当时这样跟他说：“×× 老师你好，我最近开发了一个课程，已经为您开通了 90% 的分销佣金，希望能获得您的推广支持。另外，以后只要您未来有推广需求，我会免费帮您做 2 次以上的推广作为酬谢。”

对方看到消息后，表示愿意合作，就这样我获得了第一个认可并支持我的大 V，他成功帮我介绍 300 位客户，让我累积到第一批用户。

借助他的成功案例，我接着编辑了相似的信息给另外几位不太熟悉的大 V，也获得了相应的支持。

当时，我发的信息是这样的："××老师你好，我最近开发了一个课程。目前销量非常好，×××老师1条朋友圈就推广了300多份课程。我已经为您开通了90%的分销佣金，希望能获得您的推广支持。另外，只要您未来有推广需求，我会免费帮您做2次以上的推广作为酬谢。"

很快，后面的几位大V也表示愿意支持，就这样我的课程在大V们的推广之下，2天内销量就破2 000份。

后来，我总结了这个杠杆撬动方法为：借助A的成功案例作为杠杆来撬动B、C、D。

前提条件是，你要成功说服A，把A作为成功案例。当A愿意成为你的口碑见证者，并且愿意为你去传播时，你将会在事业上获得巨大的成功。

3. 越会使用杠杆思维，越成功

在生意场上，杠杆思维的应用也能发挥巨大的作用。

整件事情是这样的。

我一直想打通线下的培训业务，然而由于缺乏线下的资源和门路，一直难以突破。直到有一次，一位同行讲师由于档期原因无法培训，我因此获得了为企业员工培训的机会。

我让助手用视频帮我记录了培训的全过程，借助现场培训的视频案例，我成功撬动了其他公司的内训业务。

凭借培训的现场录像和学员评价，我和后面的公司在培训价格上也很快就谈妥了。

任何人在事业发展早期都是从零资源、零成本起步的，想要在这种情况下迅速崛起，就必须要学会借助杠杆撬动。

没有想要的资源，你可以用已有的资源去交换；没有贵人相助，你可以用真诚和付出去争取；没有资金，你可以用已经成功的案例快速获得收入……

越会使用杠杆思维，越成功。

2.3.3 借势而上：迅速获得优质信任背书，打响个人品牌

想迅速获得优质信任背书，打响个人品牌，光靠杠杆撬动还不够，还要学会借势营销。

借势营销到底要怎么借呢？一方面可以借势名人，另一方面可借势大型流量平台。

案例一：雷军借势营销成网红

雷军，1969年出生于湖北仙桃，18岁考入武汉大学计算机系。大四那年，雷军和同学王全国、李儒雄等人创办三色公司，当时的产品是一种仿制的金山汉卡，在武汉电子一条街小有名气。

大学毕业后，雷军只身闯荡北京，随后加盟金山软件，成为金山的第六名员工。两年之后，雷军出任北京金山总经理。1998年，29岁的雷军升任金山公司总经理，堪称年少成名。

雷军40岁生日的那天夜里，他和几位朋友到北京中关村当代商城附近的一家餐厅吃饭。喝着小米粥，雷军感慨地说："人是不克不及推着石头往山上走的，这样会很累，而且会被山上随时滚落的石头给打下去。要做的是，先爬到山顶，随便踢块石头下去。"

那一天是2009年12月16日，距雷军离开金山还有两年。四个月后，他正式创立小米公司，7年过估值千亿，8年进入世界500强。

雷军不仅是世界500强小米的掌舵人，也是非常有知名度的红人，江湖人称"雷布斯"。

雷军有一次在印度市场发布会上说的一段英文被网友做出了鬼畜视频，命名为《Are you Ok》。

之后在B站、微博、科技自媒体圈广泛刷屏传播，雷军在看到这段视频后不仅没有大发雷霆，反而开始借这段视频来营销自己，不仅在小米的年会上亲自演绎，甚至还把它纳进了小米音箱中。

尝到互联网各大平台品牌曝光的甜头后，雷军决定花大价钱冠名综艺节目《奇葩说》。

在节目录制中，雷军也是金句频出，非常有喜感。后来，网友根据雷军的发言，再次制作了很多视频，让雷军这一形象再次深入人心。因此雷军的个人品牌彻底在全球打响，也为小米手机带来了非常大的销量。

案例二：普通人借势营销，加速崛起

借势而上，打响个人品牌不仅仅适用于名人，我们普通人也可以靠借势营销，加速崛起。

2018年元月，我在知识付费平台——荔枝微课录制的课程《每天半小时玩转朋友圈》被超过10万人订阅后，全网有上千个大大小小的公众号多次推广过我的课程产品。

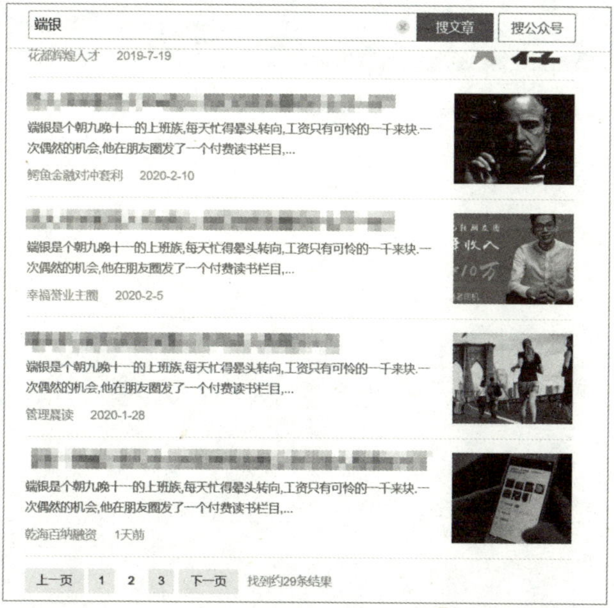

我借助这个“信任背书”杠杆迅速与喜马拉雅、千聊、华为音乐、创业邦、新榜学院全网等40个平台达成签约合作关系。

在与新榜学院合作后，我主动让利获得合作推广，不仅成了新榜学院签约合作讲师，还受邀参加新媒体行业最具影响力的新榜千人行业峰会，成功进入新媒体行业一线阵营。

人的一生就像是不断向上爬楼梯的过程，学会使用杠杆思维会让你在攀爬的过程中更加省力、更容易走向成功。

2.4 社交思维：让你的社交变成财富

2.4.1 经营朋友圈：你的朋友圈就是你的未来

一个人活得怎么样，看他的朋友圈就知道了。一个人的收入大概是他五个要好朋友的平均值。

与凤凰同飞，必是俊鸟；与虎狼同行，必是猛兽。与智者同行，你会不同凡响；与高人为伍，你将登上巅峰。我相信物以类聚，人以群分。未来你要想成为什么样的人，今天与你同行的好友至关重要。

1. 层次不同，更要强融

卡耐基先生曾说过，一个人的成功，只有15%靠他的专业知识，而85%要靠他良好的人际关系和处世能力。

小飞是一名资深的自由化妆师，来广州打拼有5年了，为人诚恳、兢兢业业，服务过知名企业领导和娱乐界明星，客户无不称赞她的技艺精湛。

自由职业者不必朝九晚五，不用考虑领导的心情，看起来自在。实际上，她却非常焦虑。

她绝大部分生意都是靠中介转介绍的，每一笔生意都会被中介抽走一大笔佣金。

生意忙的时候她连饭都吃不上，闲时一连好几个星期都没有单子做。

有一次，她给一位客户化妆，在交流过程中客户觉得她的化妆技术不错，想将她引荐给更多本地企业家做定制化妆服务。

最后，小飞犹豫了半天还是回绝了。

理由是："企业家们都是成功人士，我目前没有资本、没有工作室、更没有品牌……我想应该很难有共同话题！"

因为缺乏社交思维，小飞就这样错失了一个大好的机会。

如今，仍有无数的自由职业者和创业人士与小飞的思维一样，今天你可能觉得自己还很弱小，会感到不自信，但停留在原地只会让你故步自封，走出去才有海阔天空。

所谓的社交思维，就是要拥有更加开放的心态去提升自己，积极去与比自己能力更高的人群结识。

2. 人生就是不断升级朋友圈的过程

人越长大越会发现一个奇怪的现象：你的朋友会越来越少，曾经无所不谈的发小开始离你而去；学生时代最好的同桌也开始没有话题聊；辞职以后的前同事好像再也没有了交集……

我们不得不承认一个现实，人的一生就是一个不断升级朋友圈的过程，如果你身边的朋友从来没有更新过，那么说明你一路走来没有太大的进步。

朋友圈是需要不断升级的。当你不断地前进时，你会遇到更优质的朋友。

我特别喜欢屠呦呦的获奖感言："不要去追一匹马，用追马的时间种草，待到春暖花开时，就会有一批骏马任你挑选；不要去刻意巴结一个人，用暂时没有朋友的时间去提升自己的能力，待到时机成熟时，就有一批的朋友与你同行。用人情做出来的朋友只是暂时的，用人格吸引来的朋友才是长久的。所以，丰富自己比取悦他人更有力量。种下梧桐树，引得凤凰来，你若盛开，蝴蝶自来！你若精彩，天自安排。”

对于很多出身寒门的普通人而言，教育是升级朋友圈的最佳方式之一。

应试教育让很多出身寒门的人有机会走出来，毕业之后获得一份体面的工作。

在线教育给了无数上班族提升自身层次的机会。

我始终相信，人生就是不断升级朋友圈的过程，你走过的每一步都算数。

3. 你的社交就是财富

1999 年 5 月，一位名叫蔡崇信的人来到湖畔花园找马云，并加入了马云的公司。

蔡崇信从美国耶鲁大学法学院毕业后，在一家全球知名的投资公司工作，年薪 70 万美金，按当时的汇率折算合计每年人民币 580 万元。

他放弃 580 万元年薪的工作，跑来给一个年轻的创业者工作，一个月拿 500 元的工资，蔡崇信利用自己在同行的社交关系，拉来了高盛的五百万美金投资，救活了阿里巴巴并成为马云整个商业史上的第一个贵人。

蔡崇信向我们诠释了什么叫社交中的财富。

优质的社交沟通都是经过层层筛选的。正所谓高能者总是同频相吸，并且更加愿意成就别人。

Nicole，广州黑狮子健身房创始人、超级辣妈节目特邀嘉宾、4 个孩子的妈妈，同时也是我的第一个企业端合作伙伴。

她是我见过极少数的高效能人士，是同时兼顾家庭、事业、生活与身材的成功女性代表。

她总是无私共享身边最优质的资源，为身边的商业伙伴介绍业务，后来成功加入全球黑金俱乐部成员。

在一个优质的社交圈里，每个人都会成为你的镜子。

Nicole 曾经说过的一句让人很有感触的话：“我凌晨 5 点起床来参加商务会议，不是来吃早餐的，我是代表我们公司来找业务的。This is my working time！”

凌晨 5 点，当你的竞争对手和员工们都在睡觉的时候，她已经开始工作了。

作为团队领导者，你可以拍着视频，无比自豪地告诉你的员工：领导永远奋斗在第一线，和你们一起向前冲。

当你走进满是胜利者的房间，看到一个又一个不同行业领袖互相带来新的商业资讯和生意转介绍，让人充满希望。

4. 人生下半场，你的朋友圈很重要

想要获得健康的体魄，就要和高度自律的人一起早睡早起，坚持锻

炼身体；

想要事业有收获，就要多跟有冲劲、有能力的资深行业领袖为伍；

想要获得生意，就要想办法找到诚实守信、愿意抱团发展的经商者。

有一次，我去参加商会活动有幸听到了为马云戴博士帽的关博生的分享。

一个事业有成的老企业家和资深的教育博士，退休后不去享受清闲的日子，还坚持早起，组织和参加商业联盟早会。

他给我们所有人都上了一堂课：学到就要教人，赚到就要给人。

你的朋友圈决定了你的未来和命运。这里给你五点建议：

①与自律的人一起

与打牌的人在一起，一辈子都是赌徒。与自律的人一起，你将会更爱自己。

②与有契约精神人同行

这里的契约精神并不是指签订合约后需要遵守的契约，而是你要兑现自己说过的。

不在人后说坏话，不破坏他人的关系，永远心存底线，做一个有原则的人。

③与优秀的人为伍

优秀是一种习惯，优秀的人从一开始就很优秀。

与优秀的人为伍，他们会帮你扫盲，用最高效的方式为你解决问题。

④与靠谱的人一起

靠谱不仅能体现一个人的品行，更是一种能力。

在人与人相处的过程中，一个不靠谱的人，哪怕能力再强、资源再多，也很难社会立足。

⑤学会先舍后得

人与人相处最忌讳的就是无限度的索取。所谓拿人手短，吃人嘴软，先付出者必定会有大收获。

当你在筛选别人的时候，别人也在筛选你。努力成为一个优秀的人，才能更好融入优质的朋友圈。

你的朋友圈就是你的未来，愿慎重待之！

2.4.2　互联网社交：3 个方法，教你链接到你想链接的任何人

都知道人与人的关系很重要，但是很多人却在用错误的方法来链接优秀的人。

讲一个真实发生的案例，我曾遇到过一个做课程运营的同行找我做推广。她一连给我发了好几条微信请求帮忙推广课程。

出于礼貌，我跟她聊了几句，并给她推广建议。结果她不仅没有表示感谢，反而进入我们的课程互推群添加了全部好友。

后来，群友们举报了她。不得已，我们只好把她请出群。

事后，一个群友总结出下面两条令人生厌的微信社交规则：

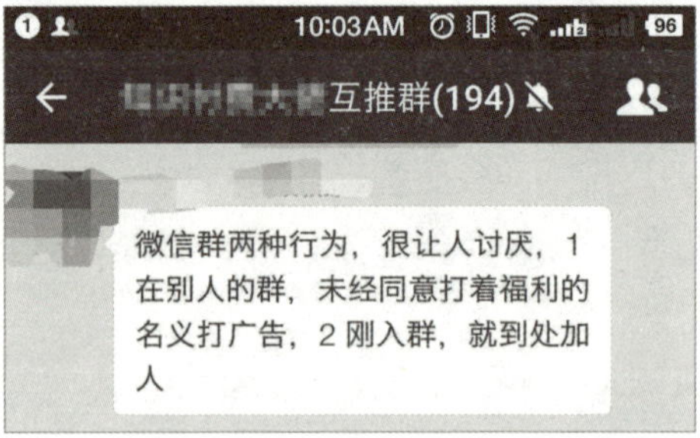

为了帮助更多的小伙伴扫盲，这里总结了 3 个简单高效的链接方

法，帮助大家迅速链接到想链接的人。

1. 做足调查工作和真诚互动

很多人想要链接某个人，都是直接去找联系方式，找到后就迅速开始沟通。这样的做法虽然显得节奏快，但毕竟不熟悉对方，较容易失败。

如何提高链接的成功率呢？最好的方式就是去做调查。

举个例子，你要寻找某个互联网专家合作，那么我建议你去全网搜索关于他的信息，阅读他相关的博客、公众号文章或者朋友圈，全面了解对方的业务、个人代表作品和性格喜好之后再进行首次沟通。

接着，在首次沟通的过程中，你将获得更多和对方有关联的信息，可以立刻建立熟悉感，比如你的好友添加请求这样写："我是您的忠实粉丝，把您公众号的每一篇文章都读了一遍，希望近距离观摩您的朋友圈。"

除此之外，彼此还能在聊天的过程中，找到更多共同的话题而不至于尬聊，所以说做足调查工作特别重要。

说到真诚的沟通，这里再讲一个真实的案例。我遇到一个学员，通过她的好友验证后，她第一个动作就是发红包。我打开一看，金额刚好是 200 元。然后她又用一条消息说明了她的来意，让我快速领会到她的意图。

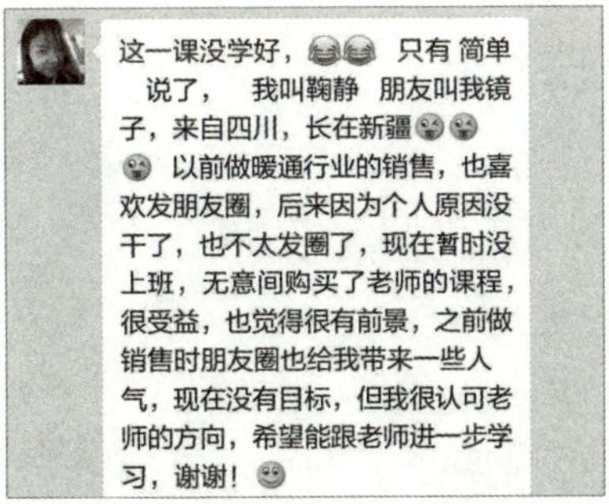

很快，我就把她邀请到我的 500 人 VIP 学员社群。她进群的第一个动作也是连续发红包，接着发了一段自我介绍，于是很多人跟她互动。

我们细细拆解她的链接话术，你会发现她表达了好几层意思。

第一层，简单自我介绍，说明来意，消除陌生人的尴尬。

第二层，表达了对他人的认可和感激，一看就是聪明人。

第三层，表达了她的需求，想要获得学习成长。

再回头翻看她写的好友验证信息，也是表达了同样的意思。

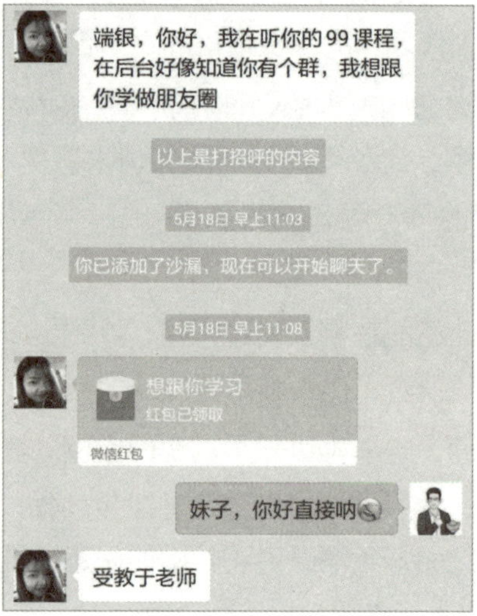

在人际沟通中，真诚的人总是特别受人欢迎，给人留下好感。

2. 主动提供帮助和支持

前面写过的奉献思维，在人与人沟通中依然适用。正所谓患难见真情，你的主动帮助和支持一定能够赢得优质的社交关系。

莘茹老师是某省电视台节目主持人，她非常擅长专业的发音训练，靠声音实现了不菲的副业收入。

她一直想开一门声音培训课，但是不知道怎么策划。我看到她的需求后，联合了我的好朋友——课程策划操盘手 Running，一起帮助她策划了一期线上声音微课。

历时一个月时间，帮助她从前期课程定位、标题、课程节数、上课时间、课程设计全方位打造。最后，成功在荔枝微课平台得到首页展示及官方推文，帮助更多人练就好声音。

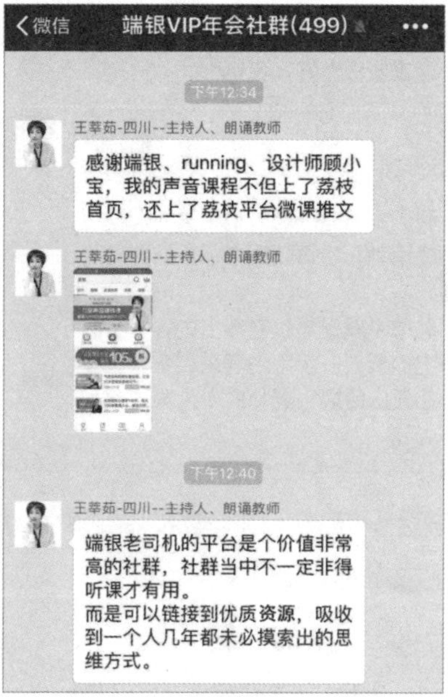

后来，莘茹老师总结说："所谓的社交思维，就是用心对待每一个朋友，了解朋友最需要的东西，并无私地帮助他们。"

因为主动支持莘茹老师，她多次为我介绍客户，我也获得她源源不断的回报。

有人说，关系是靠麻烦出来的，而好的关系是靠相互提供帮助来巩固的。

3. 引爆社交链接“磁铁”，让你链接任何人

在链接优秀的人的过程中，存在着一种拉近关系的“磁铁”。

我们要善于利用这些“磁铁”，提高链接的成功率。

第一：强调跟对方价值相关联的信息

举个例子，这是某课程平台的商务给我发来关于合作的信息。

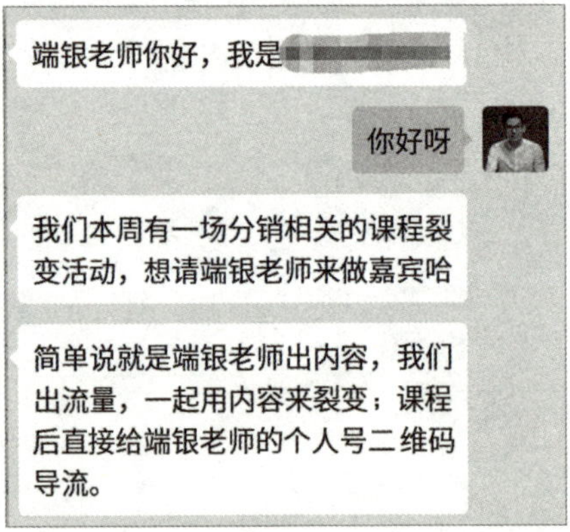

虽然我并不认识这位商务，但是我从信息中很快就获得对我有利的信息，因此很快就达成了合作。

第二：强调对方真正需要的价值

相似的商务合作，我也拒绝过很多人。比如像这样的：

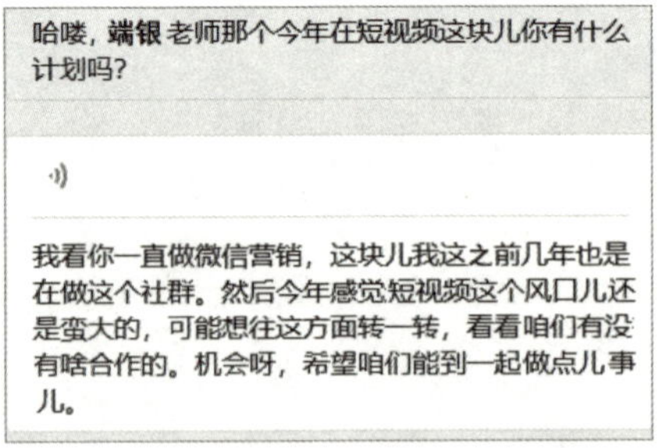

从谈话中，我们很难得出可以继续沟通下去的共同话题。主动链接

者应该先提供价值，而不是请求对方说计划。

假如我们对以上的信息进行优化，可以这样表达：“我一直在关注您的状态，最近做了一份详细的短视频计划，请你看看我们是否有合作的机会？”

第三：快速建立合作链接点

在商务社交中，没有建立最终的合作，所有的链接都是无效的。我们在社交链接的最后一个环节需要给出合作链接点，促使对方跟我们建立合作关系。

不要依靠对方寻找你的联系信息，你要让对方一眼就能看到它，事实上可以在每一次谈合作的最后留下你的合作地址、邮箱、电话或微信等联系方式，确保所有相关的联系信息都能让对方看到。

这不仅是让对方更方便联系你，关键是可以增加对你的信任，你有了实物的地址，合作方对你的信任度会增强，这点非常重要。

2.4.3 贵人相助：打动贵人只需要这一点

这节内容来自我的学员 @ 顾小宝，她是上海某知名企业的项目总监，公众号“有光的午后”的作者，也是一位热爱学习和分享的职场宝妈。

她通过下班后做副业收获颇丰，总结了打动贵人的 4 点经验。

1. 要获得价值，先要给予价值

问：“端银老师，您还需要助理吗？”

答：“不需要了，我已经有助理了。”

问：“端银老师，您需要帮忙做 PPT 吗？”

答：“可以啊，你能做吗？”

问：“当然可以，我免费帮您做。”

就这样我开始给老师免费做 PPT，期间我不断钻研线上课程的 PPT 怎么做，字体选哪种合适，颜色怎么搭配。

做了几次之后，突然有一天老师问我："你这边做全套的课件怎么收费？"我当时有点没反应过来，端银老师又告诉我，他这边事情越来越多，需要有个人帮他处理所有的课件，而且会支付相应的报酬，问我愿不愿意。

这次我开始意识到自己做的东西居然有价值，关键是有人愿意付费让我做，这给了我一点信心。

后来有一次端银老师又问我："你能设计海报吗？PS 软件会不会用？"

"可以的，设计软件我都会。"

原来端银老师团队的设计师临时有事回老家了，他们有一个着急的活动，得马上设计一款海报，于是当天下班后我花了点时间帮他们做完了。

这次工作完成之后，我的兼职工作明显多了起来，最后我转型成了一名专做线上课程的兼职设计师。我的兼职收入也慢慢地从零星的按次付费，到需要排期的按月付费。现在，我靠端银老师介绍的副业收入赶上主业了。

后来有很多学员都认识了

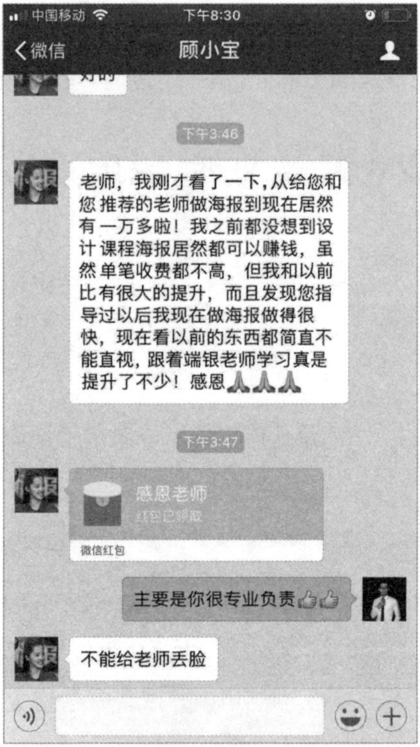

我，也知道我成了端银老师的御用设计师，有位学员就问我如何去链接这些老师，让他们为自己提供更多的价值？

我说："我并没有刻意去链接任何人，你想要对方为你提供价值，要先给予对方价值才行。"

记得一位金融界专家讲过一个故事。有一次他参加活动，一位陌生的年轻人递来一张名片希望和他交换联系方式，他断然拒绝了。

没想到这位年轻人一再坚持，告诉他自己认识谁谁谁，有哪些专家的联系方式，这位专家说那就给这些人打个电话吧。

于是对方二话没说，掏出手机就打给对方，电话通了，但几秒钟之后便是忙音，之后便再也没打通过。

一问才知道，原来这位年轻人经常出现在各种行业活动中，经常会积极主动地和一些专家交换名片，但并没有深交。

最终这位专家也没有把自己的联系方式给对方。他觉得这些年轻人一天到晚就想着如何链接资源，却忘记了自己能提供什么价值。

与其浪费时间去获得价值，不如先花点时间让自己变得有价值，当自己足够有价值的时候，资源自然就会来。

2. 认真对待每一份工作

我很幸运能获得端银老师的认可，也很幸运获得端银老师的推荐。但每一份工作都不是那么容易。

前几天有个学员想参加"下班后赚钱"的培训课程，问我学习以后能不能把学费赚回来，我很直接地告诉她，如果抱着想把学费赚回来的心态去学习，效果会非常小。

虽然我自己在去年的时候就靠兼职工作把所有的学费都赚回来了，但这都是靠机缘巧合，并不代表每个人都可以。

做好兼职的秘诀就是：一定要做好自己的本职工作。

现在我的工作没有主业和兼职之分，无非就是排期，虽然每个小时都排得很满，但我的日清单里并不会区分“本职工作”还是“兼职工作”，有的只是“项目方案”“×× 老师的 PPT”和“×× 课程的海报”这样的标识。

这几年的知识付费热潮，涌现出大量的“潜力股”。我认识的老师中，有将近 50% 的老师是副业收入大大超过了主业收入，忙得不可开交，最后不得不辞去主业工作，把副业变成新的主业。

但这些成功案例都告诉我，这些老师是在把主业工作都做得风生水起的情况下去开始了自己的副业。

很多人会觉得自己干着一份自己不喜欢的工作，整天无法投入更多的热情，看着别人做这个工作赚钱就也想跟着去做，到头来没能干成一件事。

稻盛和夫在《干法》中说过：“要想度过一个充实的人生，只有两种选择：一种是从事自己喜欢的工作，另一种是让自己喜欢上工作。”

所以，只有认真对待每一份工作的时候，工作才能产生出更多的价值，为你创造出更多的价值。

3. 要有耐心，但也要有原则

做兼职工作也不是完全一帆风顺的。作为乙方，要接受甲方的诸多要求。但要想拿下这份工作，最需要的就是耐心。

记得有一次，端银老师把一位专家的课程大纲发给我，并告诉我这位专家对课件设计的要求非常高，我一看专家的背景资料——北大总裁班导师、业内最好的方案导师、多位明星的幕后操盘手……我下决心要好好做。

那个老师的课件我改了 20 多遍，但我从来没有说过一个“不”字，因为我觉得每一次改后都要比上一次好一点。

后来，我得到的就是这位老师的第二门课程设计、第三门课程设计……

很多人会觉得一天到晚做同样的工作一点意思都没有，于是就放弃了。但有一种方法可以让工作变得有意思：赋予工作意义。

就像设计课件这件事，把每一次设计当成艺术品一样去创作，看着创作出来的东西越来越好，尤其是上了一些大平台展示，就会有一种成就感。

另外就是一定要把握住自己的原则，虽然我在端银老师眼里很好说话，也非常有耐心，但有一点我每次都会提前告诉老师，就是周末我不接单，如果有周末的课件我没法完成，因为我要带孩子。原则明确了其实更有助于开展工作。

对工作一定要有热情和耐心，可能现在不一定有同等的回报，但总有一天你的付出会给你想要的答案。

4. 珍惜每一次到来的机会

很多时候我都会想为什么端银老师会给我这样的机会，为什么我能得到这样的机会，其实我也不知道，也许是自己的努力感动了老天爷，总要有一些回报吧。

但无论如何都请珍惜每一次机会。

记得我有一个堂妹对工作的态度总是很随意。简历不好好写，面试总是去走过场，而找到一份工作自己投入的精力也很有限。

到了想换工作的时候发现，这个社会给自己的机会越来越少。求人也得亮出对方愿意推荐自己的两把刷子，很可惜她没有。最后只能工作挑她，而不是她挑工作。

其实我们应该珍惜每一次到来的机会。哪怕是同事让你帮忙做个 PPT、领导让你在会上发表一下自己的看法，或是好友请你过去喝杯茶……

我记得有一个学员来问我，他是专业设计师，怎么当初就没想过要给老师当设计呢。

我告诉他，其实刚开始老师有在群里说过：让大家把自己的工作、特长和人生目标都列出来，这样所有的学员都可以看到彼此的信息，对链接高手有好处。

而且端银老师当时还提过如果有需要帮忙的时候，会优先考虑群里的学员并给予更多的机会。这位学员压根不记得当时有这回事。

懂得珍惜机会，机会也会越来越多地垂青于你。

董卿说过："女人外表的美都是短暂的，唯有用知识和涵养修饰自己才能美丽一生，我始终相信读过的书、走过的路，总会在未来某一天发挥作用，使我变得更出色。"

我也始终相信读过的书、走过的路，做过的事都会成为时间缝隙里的阳光，照亮我的人生。

2.5 商业思维：把握商机，迅速掘金创富

2.5.1 发现商机：互联网时代每年至少有一个创富的机会

1. 什么是商业思维

商业思维即以是否获得利益或潜在利益为第一要义的行业思维模式。

商业思维是一个系统性布局思维，比如：如何发现消费者潜在的需求和欲望？如何打造一款满足客户需求的产品？如何解决消费者买谁的产品问题？营销推广怎么落地？产品如何卖出去？如何吸引潜在客户上门？如何锁定客户？如何把客户打造成铁粉？如何继续开发客户的终身价值？如何解决现金流问题，以及如何用资本来快速放大商业模式价值？

这一连串的问题，无一不体现在你的商业思维里。

尤其重要的是：发现消费者有潜在的需求和欲望，也就是我们通常讲的发现商机。

2. 如何发现用户需求

我是怎么发现用户的需求，并迅速赚到人生第一桶金的？

2017 年是知识付费的元年，那一年大大小小的知识付费平台涌出，新媒体圈里每隔两个月就会出现一个现象级的“刷屏”课程出现。

当时，我也随手转发了一个“刷屏”级的付费课程海报，没想到竟然可以通过引荐别人去学习，让自己收获到转介绍佣金。

我意识到，玩微信真的能创富！

如果我摸透微信开源方法，不就可以赚到成千上万倍？

想到这里，我开始疯狂研究“刷屏”课程案例和各种营销书籍，从朋友圈文案、用户思维、个人号定位到社群引流等，我都一一拆解，琢磨了个遍。

机会总是垂青有准备的人。

我试着用拆解和总结的方法，在朋友圈分享了一个新的付费项目，没想到 1 小时内就有几十人报名参加。

1个月下来，我竟然靠发朋友圈帮助客户找到好项目而收获了一笔不菲的报酬！

3. 如何发掘创富商机

通过研究，我发现除了头部微商，很少有人通过朋友圈卖货致富。而微商并不擅长做知识付费，他们也不愿意站出来分享自己团队的卖货经验。我发现这是一个大商机。

只有做出满足客户需求的产品才能拿到结果，微信当时有12亿日活用户，却只有极少数人懂得用朋友圈来开源。

具体怎么做呢？

第一步：调研用户需求

首先我使用了大量工具去调研和验证用户需求，包括微信热点、百度指数和真实用户调研等。

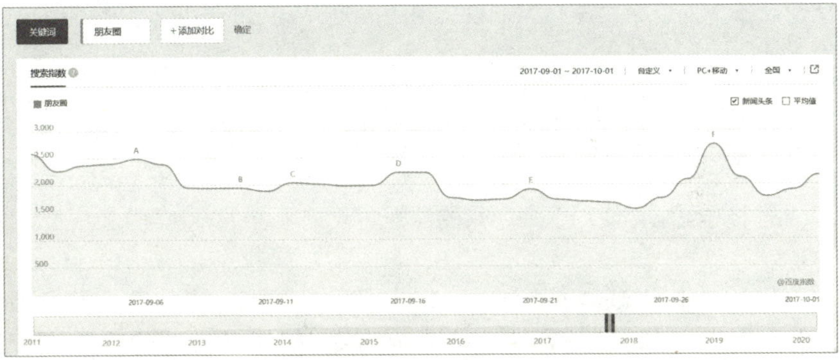

通过调研数据真的验证了我的想法，“朋友圈”和“开源”这两个关键词热度一直不减。

接着，我又去各大课程平台搜索，发现同类型的课程几乎没有。

《朋友圈开源课》满足高频、刚需、受众广、竞争少的优势，我认为这个课程有可能成为爆款。

在接下来的一个星期里，我足不出户，在家里火速开发好了课程。

课程有了，那怎么才能卖出去呢？

第二步：快速卖爆课程

没资源、没流量、没本钱做推广，我是怎么把课程卖爆的？

首先，我用上了苦苦研究的微信文案写作方法，把课程介绍写得非常吸引人。

当时，我的课程还没录制完，只发了课程介绍页到朋友圈，就有超过 100 人提前预订。

其次，为了快速把课程销量冲上去，我想到了两个极其有效的方法。

第一个方法：低价促销

原价 99 元的课程，限时 9.9 元促销，大大刺激了朋友圈好友的购买欲望。不少人一看到课程大纲就觉得超级划算，想都不想就直接购买。

第二个方法：分销裂变

我把课程分销佣金调成 90%，这样帮忙转介绍的学员也有回报，于是他们开始自发推广我的课程。

两个方法组合使用下来，我的课程两天销售了 2 000 多份。

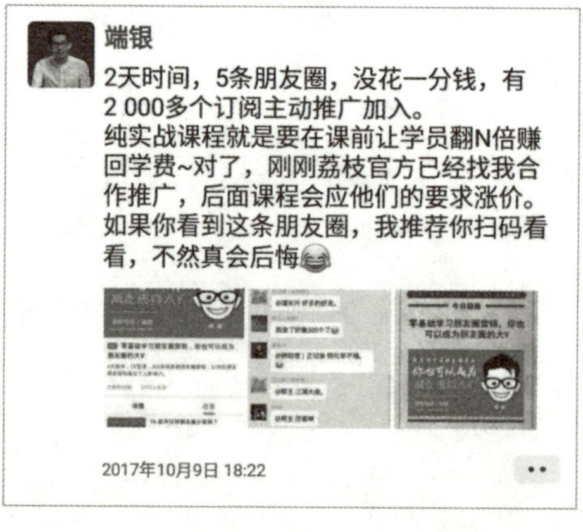

接下来几天，我又使用阶梯涨价策略，课程从 9.9 元一路涨到 99 元。通过这个方法，把课程销量从 2 000 份提高到了 4 000 份。

最后，头部知识付费平台荔枝微课找我合作，他们发了一篇10万+推文，帮助我赚到了人生第一桶金。

自媒体创业成本真的很低，而利润无边界，一个人 + 一台笔记本 + 一台手机就够了，可以说是一个接近无本万利的生意。

4. 如何培养发现商机的“火眼金睛”

想培养发现商机的“火眼金睛”，必须先要养成凡事深度思考的习惯。

要知道社会文明虽然经历了几千年的发展，但是人们的底层需求从未发生改变。正如马斯洛需求原理所总结的：生理需求、安全需求、社交需求、尊重需求和自我实现。

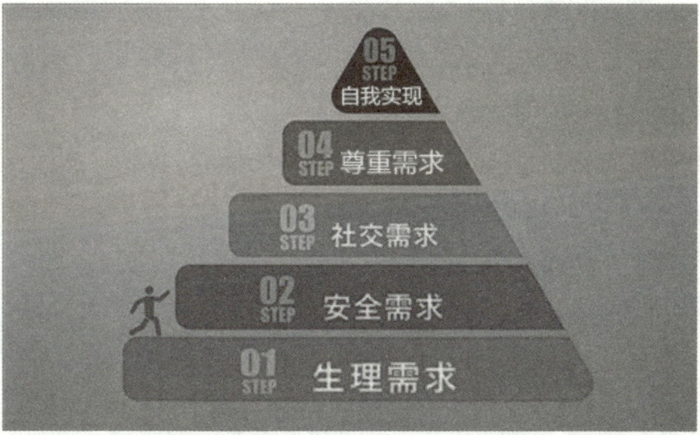

在人们众多的需求当中，我们不再需要创造需求，而是更好地满足人们的需求。

这句话怎么理解呢？

比如，过去人们的交通工具是马车，现在人们的交通工具变成了汽车、高铁和飞机，这些新工具同样是在满足人们的出行需求，只是效率变得更高，能更好地满足人们的需求。

再比如，过去人们只能去线下商铺购物，现在有了诸如淘宝、京东、拼多多等各式各样的电商购物方式。同样是满足人们的购物，后者提供了更加便利、快捷的购物体验。

同样的，当今人们的物质生活显得极其丰富，缺乏的则是精神需求。于是文化、宠物、在线教育等行业发展迅猛。

学会深度思考，用心去观察和发现身边的变化，一旦产生变化就会有需求。只要你能够生产一款满足人们细小需求的产品，就能让你的财富得到爆发式增长。

2.5.2 抓住商机：你根本不缺机会，缺的是发现机会和抓住机会的能力

马云说，任何一次商机的来临，都必将经历四个阶段："看不见""看不起""看不懂"和"来不及"。

2005 年，淘宝店家成功靠淘宝挣到第一桶金；

2007 年，买股票和房地产，闭着眼睛买也能致富；

2011 年，微博粉丝经济造就第一批受益者；

2013 年，微商在朋友圈刷屏也能获利；

2015 年，自媒体人群靠写文章也能融资千万；

2017 年，有技能的上班族靠知识付费红利迅速崛起；

2018 年，短视频的崛起，让更多素人找到开源渠道；

2020 年，第一批微信视频号内测者顺利攫取微信创业红利。

在互联网上，其实每年至少有一个创富的机会，每一个创富机会都能成就一大批人。

1. 避开盲区，发现商业机会

在风口之下，我们并不缺机会，缺的是发现商业机会的能力。

英国广播公司 BBC 曾经做过一个实验，让测试者观看一场篮球比赛，要求数出比赛的红方团队一共进了多少个球？这中间，BBC 工作人员还安排了身穿大猩猩的球队吉祥物多次出现在镜头前。最后，BBC 工作人员问大猩猩吉祥物到底出现了几次，所有参与测试者都答不上来。

这个测试告诉我们，当人们专注于一件事情的时候，就会产生盲区，让人很难看到外界事物的变化，甚至会错过非常多的机会。

有一个互联网大 V 就曾在视频号中说过，当年他正在负责一个大型的网站项目，微博邀请他入驻成为第一批用户，他没有在意。最后他说，因为没有赶上微博红利，顿觉损失巨大，并提醒我们要留出少部分的精力去观察身边的变化。

如何避开这种盲区？最好的办法是留出 10% 左右的精力去观察身边的变化。就像开车一样，驾驶者有时候会因为盲区而看不到路障，但通过左右后视镜和前后张望，就可以避开危险。

2019 年，我在一次商务会议上结识了一个身价千万的电话营销公司领导。有一次，他特地约我去公司喝咖啡，在聊及他们的企业业务时，我才知道电话营销其实并不像我想象中那样已经丧失了营销的能力。

他们公司有 24 小时电话呼叫机器人，一天能够拨打 1 000 多个电话，而人工一天的极限是拨打 200 多个。他们通过电话机器人，平均拨打 1 000 个电话就能卖掉珠海一套房子。

同时，他也对我研究的微信营销非常感兴趣，很好奇我们是怎么通过微信在零成本的情况做到惊人的销售业绩的？

有一次，中国移动公司有一个项目想要外包给他的公司去做推广。他认为我们微信营销的推广方式更加有效。于是，我们达成了合作，一起为中国移动服务。

通过这个真实的案例我发现，如果有时间多去和不同行业的高手交流。因为我们所处的行业不同，看到的商业机会也截然不同。

2. 夯实能力才能抓住商机

“带货网红”李佳琦曾在演讲中说过：“很多人都觉得我莫名其妙就成功了，其实我真的默默无闻地做了 3 年直播。”

曾经有记者采访李佳琦的成功经历，下面是记者采访的部分内容节选。

记者：你去年直播了多少场？

李佳琦：365 天，做了 389 场直播。

记者：一场直播大概多长时间？

李佳琦：下午 6 点开始，播到凌晨 1 点。

记者：你一天怎么安排时间？

李佳琦：中午 12 点到下午 5 点，选品并准备晚上的直播。直播结束后开总结会，凌晨 4 点睡觉。

记者：你有时间谈恋爱吗？

李佳琦：没有，我除了睡觉的时候，身边都有人。

记者：听说你牺牲了很多东西？

李佳琦：牺牲了非常非常多，牺牲了社交，牺牲了朋友，牺牲了爱好，我已经三年没有娱乐生活了。

记者：你身体受得了吗？

李佳琦：高强度直播，让我患上了支气管炎，发作的时候呼吸都很困难，只好随身携带药剂救命。

记者：你就不能稍微停两天？

李佳琦：哥，你知道这个行业竞争有多大吗？我害怕一休息，粉丝就被其他主播吸走了。

5G 时代来临，很多人都看到了“短视频 + 直播”的红利，而全国能做到李佳琦这样成绩的凤毛麟角。

有时候，风口来了，我们也要认真并冷静地思考这 4 个问题：

第一，我的专业技能是什么？我能够解决什么问题？

第二，我有什么产品？我如何去满足消费者的需求？

第三；当下风口是什么？我的优势是否能赶上风口？

第四，我有什么能力和资源？是否能在风口期接住机会？

盲目地追风口，也会让人感到焦虑，一旦焦虑就很容易做出错误的决策，造成不必要的损失。

本章干货精华

1. 所谓的价值思维就是要持续做对未来有高价值回报的事情，是实现自我价值和获得他人认可最好的方式。

2. 20 ~ 30 岁是提升开源能力的分水岭，能够在这个阶段积累到开源能力的人，未来最有机会累积到财富。在这个年龄段，你应该把最宝贵的时间花在能力提升上，让自己成为一个有价值的人。而不是陷入各种低质量勤奋且无限重复的兼职上，每个月拿着三五千元的收入，哀叹努力奋斗还有什么意义！

3. 永远要有以结果为导向的思维。那些真正的副业应该称之为“复业”，是可以产生复利效应的事业，就像滚雪球一样越做越大。

4. 现在很多人都说想创业，不想给别人打工。其实，不管是创业还是打工，都是给你自己干的，不是给别人干的。工作的意义不仅仅是为了赚钱，也是经验、能力和资源的积累。

5. 职场不是学校，是工作的地方，是你兑现价值的地方。职场 8 小时之内，你的时间是属于公司的，必须要好好工作才能对得起领导给你发的薪水。职场之外的 8 小时，你可以自由支配用于提升自己，学习是你自己的事，也是每个职场人的必修课。

6. 受益终身的 7 条工作法则：①付出者收获；②终身学习；③传统 + 创新；④保持正面积极；⑤建立有意义的关系；⑥当责与承担；⑦认可嘉许。

7. 一个人最大的敌人是自己的惯性思维。惯性思维即人们在考虑研究问题时，总是用固定的模式或思路去进行思考与分析，从而解决问题的倾向。打破固有思维，突破思维的惯性去做事情。

8. 逆向思维求职的 3 个核心：①迅速引起面试 HR 的注意力；②在众多面试者凸显你的与众不同；③快速展示你的个人能力和社会资源。

9. 所谓的杠杆思维就是用极小的成本去撬动极大的资源，从而做到收益最大化。“撬动杠杆”的诀窍在于，找到推动事情发展的决定性因素。而决定性因素，即是这个杠杆的支点。毕业几年后，为什么同学之间的距离越拉越大？有的人工作了几十年还是那副老样子，有的“95 后”“00 后”毕业没多久就已经收获喜人成就。

10. 最硬核的思维往往要比你的个人能力更加重要，尤其是杠杆思维。当你掌握并能灵活使用杠杆思维，一定会让你事业得到腾飞。

11. 高手与普通人最大的差距就在于杠杆思维的应用，高手的杠杆效率更高，所以收入更高。他们每做一件事情，总是在为多个目标服务。

12. 任何人在事业发展早期都是从零资源、零成本起步的，想要在这种情况下迅速崛起，就必须要学会使用杠杆思维。没有想要的资源，你可以用已有的资源去交换；没有贵人相助，你可以用真诚和付出去争取；没有资金，你可以用已经成功的案例快速获得收入……你越会使用杠杆思维，事业越成功。

13. 一个能否成功，不仅仅体现在专业能力上，更重要的是提升社交人际能力。

14. 你的社交就是你的财富。关系是靠麻烦出来的，而好的人际关系是靠相互提供帮助来巩固的。

15. 关于社交链接，值得你牢记的 5 点：①提前做好调查工作，知己知彼；②通过真诚的互动破冰，给人留下好印象；③如果可能，先主动为对方提供帮助和支持；④链接高手要有利他思维，始终站在对方利益的角度去思考问题；⑤把握社交链接“磁铁”，在最后关键时刻快速建立合作关系。

16. 要知道社会文明虽然经历了几千年的发展，但是人们的底层需求从未发生改变。因此，我们并不需要创造需求，而要更好地满足人们的需求。

17. 学会深度思考，用心去观察和发现身边的变化，一旦产生变化就会有需求。只要你能够生产一款满足于人们非常细小的需求的产品，就能让你的财富得到爆发式增长。

第 3 章

打造业内影响力

3.1 夯实功底：储备势能，夯实基本功

3.1.1 储备势能：人若无才专心提升，潜心研究储备能量

过去几年，我累计做了 200 多个一对一微信营销咨询，发现了一个共同的现象：人们对未知与舒适区以外的信息接纳程度很低，甚至有点恐慌。特别是长期在传统行业工作的朋友，这种现象会更加明显。

他们认为互联网上的东西距离自己太遥远，哪怕不接触也没太大问题，毕竟传统的业务还不至于完全做不了，瘦死的骆驼比马大。

2020 年，受疫情的影响，越来越多的个体不得不重新寻求转型之道。

对个体而言，建议趁在家有空时潜心学习和研究，储备好势能。

进入一个新的行业，想获得丰厚的回报，早期总是要付出一些代价的。

那些年，因为没有跟上行业发展而缺失的功课始终要补上，该学习的东西一样也落不下。

哪怕通过付费咨询来直接获得别人的帮助，你至少也要能看懂咨询的结果大概要怎么做，避免再走弯路。

进入新媒体行业后，我光买专业的书籍就花了好几万元。每一本书、每一个作者都有自己成功的见地和经验，他们都是很棒的学习对象。

我们不需要把书里的知识全掌握，只需要把书里对你的业务有一丁点帮助的知识点用上就足够了。时间太贵，我并不推荐人人都去做大量的输入。你花几个星期，好不容易把一本书读完了，但是也会忘记这本书究竟在讲些什么。

从“功利者”的角度上看，读书并不是为了彰显自己多么有才华，而要让读书来解决我们自身的实际问题。

因此，在读书的过程中不要被书牵着鼻子走，而要学会带着问题去看书，把书变成你解决问题的工具。

读书是过程，解决问题才是结果。千万不要假装努力，结果不会陪你演戏。

学习、读书、潜心研究，不断提高专业技能，是一个漫长而又枯燥的过程，你需要屏蔽掉生活中的各种烦恼和无效信息。

在学习和研究过程中，值得你去执行的几件事情：

第一，把手机声音调为静音，不要接听任何人的电话；

第二，关闭你的微信和其他社交平台网页；

第三，保持专注工作时间，每25分钟休息一次，休息时可以喝水、在室内走走；

第四，每次只做一件事情，读书就是读书，写作就是写作，不要混在一起做；

第五，不去关心工作以外的任何事情，直到你工作结束。

关于第五点，很多人表示做不到，毕竟柴米油盐的生活还要继续。如何减少生活层面的打扰？我有一个的好朋友“帮主”在这点上做到了极致。

帮主，江苏淮安人，目前定居在深圳。他大学读的是生物专业，毕业之后很难找到对口的工作，生活艰难。

因为没钱，根本没有勇气找女朋友，买房更是连想都不敢想，自己也静不下心来提升自己。

转机出现在三年前，当时他的存款已经分文不剩，家里人还天天催他找对象结婚。

看着早已空空如也的银行卡，他心想拿什么买房成家呢？

不能再这样下去了，他决定去深圳碰碰运气。

他通过微信的微粒贷借了1万元，坐了两天的绿皮火车来到深圳。

然后找了一家青年旅社住下来，开始疯狂投简历，结果还是石沉大海。当时他的心情极度郁闷。

一个偶然的机会，他听说做自媒体的机会很大，于是就租了一间平房，足不出户，每天研究自媒体。

那段时间，由于刚来到深圳，没有认识一个朋友，反倒是那段孤独的时光成了他最好的自我增值期。

他一边学习研究，一边等待机会。研究自媒体1个月后，他做了一个付费专栏，专门更新一些提高工作效率的资讯。坚持自媒体创业 3 年后，帮主顺利在深圳买房安家，让人刮目相看。

人生不如意之事十之八九。每一个拼搏在路上的人，或多或少都会有一段人生至暗时刻。

人越是低迷的时候，越要静下心来修炼打磨自己的技能，蓄势待发。

很多人都忽略了专注了力量，当你每天除了吃饭、睡觉，只专注于一件事情并持之以恒地去学习和研究，将会有非常惊人的结果。

当你感到迷茫、前途未卜时，不要沮丧，也不要盲目地行动，而要学会静下来专注于一件事情，潜心修炼、储备势能再出发。

3.1.2 持续输入：坚持学习，让阅读成为习惯

1. 终身学习，坚持输入

学习输入是唯一稳赚不赔的投资，我每年在学习上的花费不少于 5 万元，每年平均读书 30 本以上。

我们公司一直遵循一个理念，叫终身学习。我们公司的小伙伴都坚持读书、学习，大家对好的内容一起分享、一起打卡。

为什么？现在互联网信息非常发达，很多的知识和经验都是碎片化的，缺乏系统性，而图书的内容是系统化的，可以弥补我们在专业能力上的不足。

互联网时代的技能随时会被更新迭代，前几个月非常流行的玩法，几个月后可能就不再适用了。

学习读书不仅仅是为了提升工作效率，更重要的是帮助我们每个人提升自己，让自己跟上新时代的步伐。

2. 高效读书，让读书成为一种习惯

很多人读书喜欢从头读到尾，做好满满的笔记。但是慢慢发现，花

了几个星期的时间终于把书给读完了，却记不住书里讲了什么内容，更用不上，书好像白读了。

作为一个“功利阅读”者，我跟很多人的读书方法不太一样。我读书很少会把书全部读完，除非我觉得这本书非常经典。

举个例子，我曾经为了熟悉文案标题的写作技巧，专挑了下面三本书中讲到的标题技巧来读，其他部分则忽略掉。

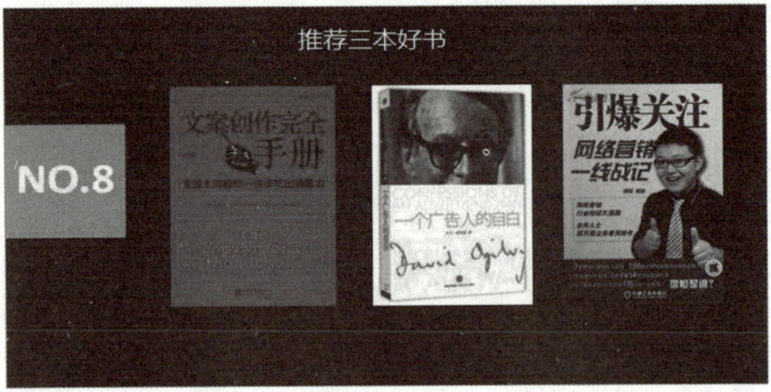

再以读《文案创作完全手册》这本书为例，我仅仅挑选了本书第二章标题写作部分的内容来读。

一定要反复问自己，我要从书中获取什么信息？从用到学，是一种主动学习方法，会比学了再用的被动学习方法更加高效。

这种方法不需要死记硬背，也不需要花费大量的时间读完整本书，我们只需挖掘对解决实际问题有用的知识就够了。

读书只是第一步，如果你没有将读书获取的知识进行更深入的加工和打磨，并将它融入你的知识体系，那么你掌握的知识并不牢靠。

所谓的知识加工和打磨就是用你自己的语言重述知识，并了解具体的应用方法。比如：我们在读书结束后，将书中散乱的知识点总结成一篇读书笔记、做成 PPT、录制成拆书音频或视频等。

通过这道加工与打磨知识的流程，你将掌握一套内化后的知识体系。

我们仍以学习标题写作为例，可把标题写作分为标题写作的心法和技法。而技法又可分为标题写作技巧、标题写作准则、有效标题的检验方法等。

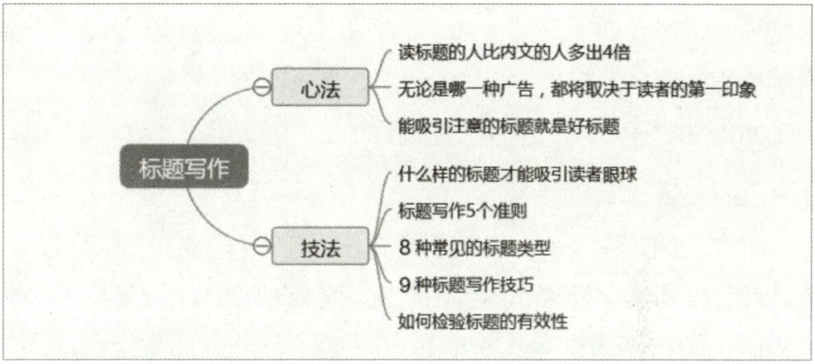

通过这套读书流程，让你真正把知识变成生产力。

3. 让你成为专家的读书秘诀

读书技巧是需要学习的，如果你要成为专家，那么你需要学会像专家一样读书。

《如何阅读一本书》和《如何高效读懂一本书》这两本书，是我看过关于读书技巧方面的好书。

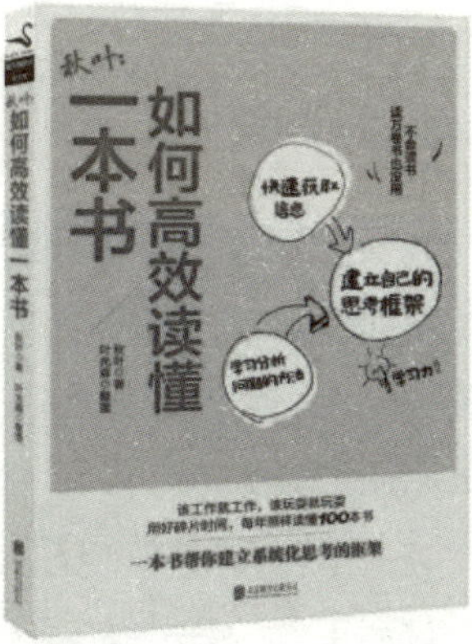

这两本书都介绍了让你成为专家的高效主题阅读法。

具体如何用主题阅读法来学习提升专业能力？我总结了 5 个步骤。

第一步：确定阅读目标

秋叶大叔在《如何高效读懂一本书》中说，主题阅读就是先圈定一个感兴趣领域的读书目标。

比如，你要通过读书迅速入门写作。

第二步：搭建思考框架

以研究入门写作为例，我们要像写作专家一样拥有一套系统的思考框架，并且能靠这个框架和内容帮助入门者解决 80% 以上的写作问题。

为使思考框架更完整，我们可以借助比较成熟的金字塔结构——5W2H。

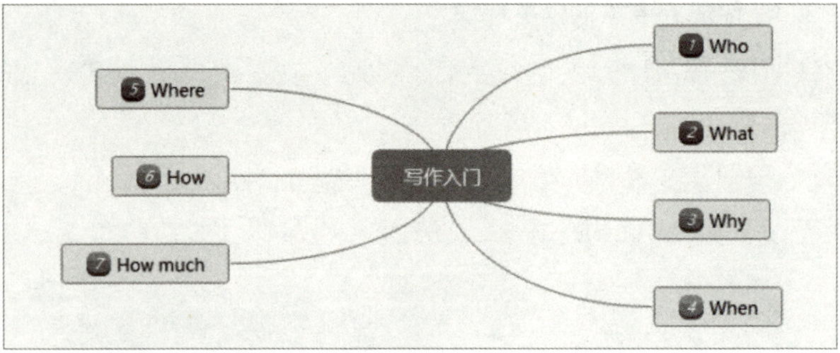

紧接着借助这个框架，站在写作入门者的角度来思考可能会遇到的写作难题，最后用思维导图把基础框架画出来。

第三步：寻找合适书单

针对写作入门者，我不建议找太多关于写作技巧类的书籍，因为学习的侧重点在于解决入门者对写作的认识和逻辑思维的问题，让人养成写作的习惯，顺便培养作家的气质。

为了对症下药，我找的第一本书是《成为作家》，一部非常经典的写作书。

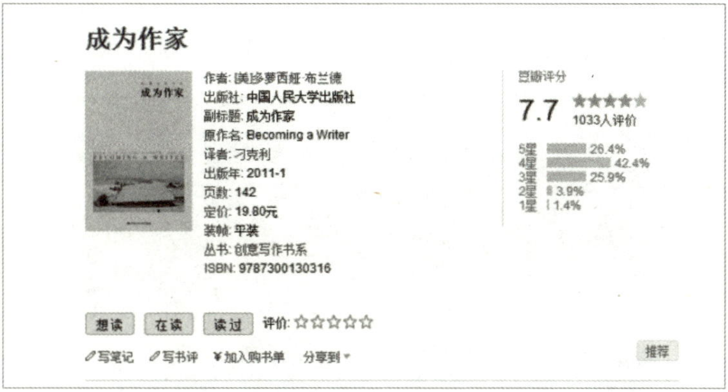

《成为作家》可以为入门者解答的问题有：

什么人能成为作家？写作需要天才吗？作家是可以教会的吗？文学创作需要什么天赋、才能和技艺？作家的“黑匣子”里到底隐藏着什么样的秘密？

这本书非常适合写作入门者学习。我决定把这本书定为经典书，借助这本书来全面更新上面所搭建的框架。另外，我发现喜欢《成为作家》的人还喜欢如下的书籍。

同样地，根据类似的方法也把优质的书单找出来。

第四步：进行主题阅读

找到书单后就正式开始做主题阅读，我们的阅读目的是借助书籍或专业的文章来寻找框架的答案，即对框架进行添枝加叶。

①快速阅读挑章节

当我们拿起一本书时，先不急着立刻钻进书里从头到尾地读完，而是快速地将一本书翻一遍，挑出与阅读主题相关的章节，然后按照同样的方法继续快速阅读下一本书。

比如，我在完善逻辑结构这部分的框架时，是这样来读《结构思考力》这本书的。

第一，快速扫读这本书的封面和目录，得出这本书重点在讲结构化思考的五个步骤，确认这本书适合写作逻辑思维混乱的读者阅读。

第二，根据目录，我把重点阅读目标定在第三章和第四章，因为这两章讲到纵向分层次和横向分顺序是掌握金字塔结构的核心要领，其他部分内容则暂时略过。

②建立关键词完善框架

通过快速阅读，我发现不同书籍在讲同一个主题的表达方法各有不同。比如：表示入门写作的关键词有初阶入门写作、从零开始写作、开始写吧等。在此，我选择的关键词是从零开始写作。

根据这个框架的关键词再结合书上的内容又概括出次重点关键词，比如对写作的认识、写作心态的调整等，进一步完善第一步建立起的大框架。

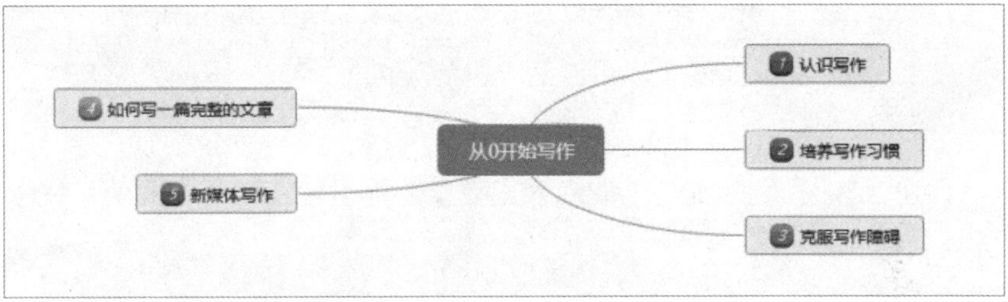

③找答案填充框架

接着，对上面比较成熟的框架继续添枝加叶。在认识写作这块，可继续采取 5W2H 原则思考关于认识写作的一些常见问题进行延伸。

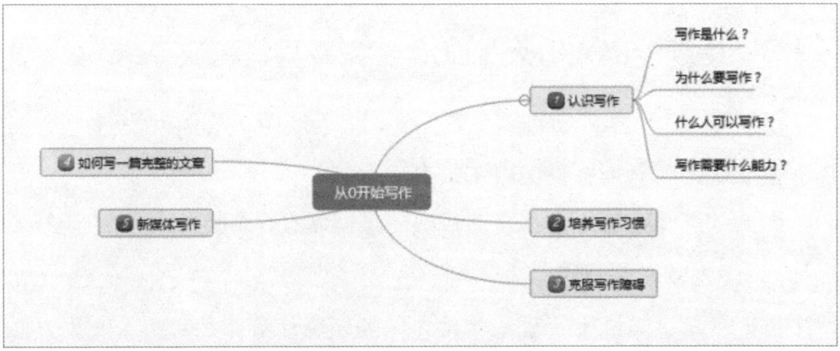

之后，就从书中重点挑出涉及到的问题章节来读，尽量从书中总结出框架中问题所对应的答案。

以此类推，逐步把整个读书框架补充完整。

如果发现书中的观点优于你的结构框架，就快速将其吸收至自己的框架；如果发现书中讲到的观点和自己的框架差不多，那就择根据自己的习惯优选一个。

你发现了吗？其实我们在前面做的四个步骤都是在打磨框架，通过阅读和思考不断地切换以校正自己的思考框架。

第五步，加工输出知识

当你把整体的框架打磨好之后，再去做加工输出就非常快了。

加工输出在前文说了，可以是一份漂亮的文字、一份精美的 PPT 甚至是音频或视频。

目的是把我们整理输出的内容完完整整地呈现在读者的面前，就像写一本完整的书籍一样。

专家之所以能称为专家，那是因为专家比常人拥有更丰富、更全面、更深刻、更系统的知识体系。

坚持学习读书是一种修行，如果可以，请务必养成终身学习和阅读的习惯。

3.1.3 持续输出：每天 1 000 字文章写作秘诀

每天坚持写 1 000 字难吗？真的不难！因为可写的东西太多了，光记录每天发生在身边的事情都记录不完。

如何才能坚持写下去，首要解决的是写作动机问题。

1. 你为什么要写作

最近几年，市面上涌现出各种各样的新媒体写作培训班，有人教你提升写作水平，有人教你写阅读量破 10 万的文章，还有人直接教你靠写作月入过万……

看到这些培训课，心动是很正常的。问题是你是否开始写了？你是否问过自己为什么要写作呢？

这几年，我一直在思考其中的原因。其实，阻碍人们坚持写作的原因有无数个，比如：

写作很耗时间，写一篇文章少则几个小时，多则几天。再加上大家工作繁忙，常被生活许多琐事打扰，有时候真的是心有余而力不足。

普通人刚开始写作是很难看到结果的。当你投入那么多时间和精力，却得不到物质上的馈赠，就算精神奖励再丰富，总有一天会被生存的压力挤掉写作的时间。

什么样的写作初心最容易坚持下来？根据我对写作者的调研，发现能够长期坚持写作的人有以下 3 个特点：

第一，真的足够热爱写作，即使没有收入，也愿意写下去。

第二，把写作当成一种爱好，一有时间就去写，没什么目的，纯粹因为喜欢。

第三，有更崇高的理想，想成为作家，不达目的誓不罢休。

2. 坚持写作，你需要做好这 5 点准备

写作是一场持久战，如果你下定决心要写，在这里推荐 5 点准备方案。

（1）做好付出的准备

坚持写作是很痛苦的，写作的人会经常熬夜，脑子要时刻保持转动的状态，你自然要比身边的人付出更多的心血。

（2）做好牺牲的准备

写作是很费时间的，你可能要做兴趣牺牲。

比如以前喜欢玩的电竞、户外等娱乐活动的优先级要排在写作之后。毕竟工作一天之后，你的时间已经不那么充裕了。

（3）做好长期战斗的准备

想看到自己写作有进步，起码有半年到一年的潜伏周期，在这个周

期里你可能会很痛苦，也可能会放弃。

因此，一旦决定写作，就要做好长期战斗的准备。如果抱着“三天打鱼两天晒网”的心态，我建议趁早放弃。

（4）做好物质上的准备

写作不能速成，新手写作短期内很难靠写作提高收入，千万不要相信速成和各种秘籍。

因此，在写作早期不建议辞职全力搞写作，而建议你在下班后进行。

（5）做好技术上的准备

写作输出的对立面就是输入，一旦投入写作意味着输入很重要，否则你很快就没有东西可输出了。

因此，建议去购买一些关于提升写作技巧类的书籍，而且保持阅读输入的好习惯。

另外，请准备好一台可以长期上网的电脑，买一款好用的键盘，学习怎么注册公众号和其他自媒体账号，然后正式开始写作。

3. 提笔就忘，如何让自己持续写下去

持续写作是个永恒的写作难题，在此推荐 5 个持续写作的方法：

（1）有规律性地写作

很多写作初学者喜欢定下每日一更的目标，但往往事与愿违，原因是你的储备和输出能力跟不上。

在此，推荐有规律性地写作，比如每周写 1 ~ 3 篇文章，如果太忙就保持一周一篇的节奏。

这样既能保持写作状态，也不会因输出压力过大而断更。

（2）准备好你的写作灵感记录册

用记事本或者手机、电脑，随时记录下你某一刻想到的、看到的一

切有趣的事物，然后在写作之前翻翻笔记，以唤醒写作灵感。

（3）养成提前写作构思的习惯

利用好碎片化时间保持写作思考，提前在上班路上或其他闲暇时间打好腹稿。

在写作的前一天，提前构思写什么主题、使用什么结构、开头写什么、中间写什么内容、需要什么案例、金句怎么植入、结尾如何写等。

（4）从定位优势去挖掘写作内容

每个人都有自己擅长的领域，多去挖掘你的特长，挖掘你过去的成长经历和故事，从中筛选一些对他人有用、有启发的内容来写。

（5）构建你的写作素材库

构建写作素材库，有意识地去搜集素材，可直接从爆款文章中搜集现成的标题、开头、金句、故事、案例、结尾等。

最后，给几点坚持写作的建议：

①放弃完美主义倾向，写作初期，动手写比写好更重要；

②尽量写自己熟悉或擅长的主题，这样越写越有成就感；

③养成记录灵感和写朋友圈的习惯，再将朋友圈微写作延伸成1 000字的文章。

3.1.4 持续分享：每一次亮相都是一次自我曝光的机会

在互联网时代，我们要主动地去传播自己、曝光自己。

你的曝光量越大，知名度越高，影响力越大，个人商业价值就越高。

1. 持续分享的好处

对于我们普通人来说，持续分享就是最好的自我曝光机会。

持续分享的好处不仅仅是曝光自己，还能够为你增加客户源，提高你的综合表达能力，好处多多。

我刚进入新媒体行业时，到处花钱进入各种微信群学习，学习之余我会找群主或群管理员请求在群里免费分享。虽然分享是免费的，但是分享可以为我引流客源，只要客户买几款产品，我就全赚回来了。

后来，有了点小知名度后，有人主动邀请我去做分享或者授课并且还有费用，我更是乐此不疲。

持续做分享，绝对是引流高质量客源的有效方法，没有之一。只要你足够勤奋，愿意去做分享，快速做满一个 5 000 人的微信号不是问题。

2. 如何开展线上分享工作

开展线上分享，一共有 3 步。只要你遵循这 3 步分享原则，将获得源源不断的曝光和客源。

第一步：分享选题

做分享最重要的是内容选题。

内容选题一般从这两个角度来参考：

第一，自身专业的角度。

你最擅长讲什么主题，你所擅长的技能能够帮助听众解决什么问题？

打个比方，你是一个专业的减肥指导教练，曾经帮助了数百位学员成功瘦身 10 斤以上。因此，对于瘦身这个话题，你一定会比小白更有经验和心得。

如果选题不贴切，很可能会在分享现场聊不下去。

我之前遇到一个不靠谱的伙伴，他说想要分享关于用户涨粉的内容，然后找我帮忙推广。

我：你有案例吗？

他：现在还没有，但我有办法实现。

我立刻拒绝了他。

当你分享的话题中有做不到的成分或者涉及自己不擅长的领域，不建议讲，否则很容易自砸招牌。

第二，从用户的角度出发。

做分享必须要迎合用户的需求，想办法满足用户的需求，甚至为用户创造需求。

有经验的分享嘉宾一般会在课前问分享对接人，听课的都是什么人、从事什么行业、基础怎么样、有什么特别需求、最希望听到什么信息。

当你获取到这些信息后，就知道分享的侧重点应该放在哪里。什么内容该多讲、什么内容该少讲、到底是多讲思路还是多讲方法和技巧。

所以，分享内容一般是基于自身技能和用户需求来找平衡点。你要从中找到听众真正想听，而你又恰好擅长的主题分享，这样的效果相对最好。

第二步：设计恰到好处的分享内容

我经常看到，有人做分享恨不得把自己所有的干货都分享出来。其实，这是缺乏分享经验的表现。

在分享前，我们要思考一下，一个小时左右的分享，听众大概能吸收和消化多少信息量？

其实，听众能学到的东西真的很少。要知道，听众的认知与分享者的认知是不对等的，两者有很宽的认知鸿沟。分享内容过多不仅会让大家消化不良，还容易让人抓不住要点。

一个好的分享应该怎么设计呢？

建议你每次分享只讲一个主题，而且要把这个主题讲透。具体分享内容结构设计如下：

①快速切入讲痛点：在分享开始前，罗列听众的痛点问题或无法解决问题的场景；

②提供解决好方案：在遇到的诸多难题中，请讲清楚你的解决方案。

③用大量案例讲方法：提供方法的同时，还要去列举大量的案例来讲解如何使用方法；

④一个方法讲细节：在众多解决方法中，无须一一详解，只需挑选某一个方法讲清楚具体的操作细节，让人听完立刻能够学会操作就好了。

⑤总结升华体现价值：在结尾部分对整个分享内容进行总结升华，彰显你分享内容的价值。

⑥无法拒绝好诱饵：在最后，留下一个让人无法拒绝的超级诱饵，抛出进而实现你分享引流的目的。

按照以上 6 个步骤去设计你的分享内容结构，会让你快速获得大家认可，顺利实现你的引流目标。

第三步：现场分享小细节

现场分享的核心并不要求讲解多么精彩，而是要懂得全程关注听众的注意力，让用户听你的指令一直听到最后。

有经验的分享人都有自成一套的控场绝招，比如下面这种方法：

分享前 5 分钟，最好在群里发红包。红包人均不少于 1 元，可发 30 个，红包文案写上“在线请打 1”；

分享进行 10 分钟后，再发一个红包，红包文案写“你还在听吗”；目的是稳稳抓住听众注意力，避免有人跳出听课空间；

分享进行 20 分钟后，在分享课堂上提问一个问题并发红包，红包文案写：“答对的，送 ×× 福利。”目的是增加课堂的互动。

分享结束前 5 分钟请加上一句话“我给大家准备一个超级福利，分享结束后找我领取”，并把福利的图片发到分享课堂上。

分享结束后，再往群里发一个红包，表示感谢群主提供的机会，同时也感谢群友们的聆听和支持。

最后的答疑环节，请对听众提出的问题回答得足够详细且全面，如果可能，还可以在每个问题后面都留下详聊的钩子。

控场的方法在分享中还有很多，我们不仅要体现自己的专业技能和娴熟的分享经验，更重要的是能够获得大家的认可，并达到成功引流的目的。

持续做分享，不要放过每一个自我亮相的机会，因为每一次亮相都是一次自我曝光和自我销售的机会，也是一次宝贵的获客成交机会。

3.2 炼金之路：从小白到业内高手的炼金之路

3.2.1 成为高手：从月薪 1 000 元的实习生到行业垂直细分领域专家，我只用了 2 年

没有资源，没有资金，也没有人知道你，想要成为垂直细分领域的专家很难，特别是从 0 到 1 那一步最难。

我大概用了 2 年时间迅速从一个行业小白成为垂直细分领域专家，总结了下面几个有效方法。

1. 打造超级爆款作品

2017—2018 年，我连续开发了 3 个爆款微课专栏，分别是：

《零基础学习朋友圈营销》；

《每天半小时玩转朋友圈》；

《玩赚微信 12 招：这样玩微信，没钱没资源也能多赚 10 万》。

这 3 个专栏有超过上千个大大小小的公众号曾批次推广过我的课程产品。目前，付费课程订阅学员超过 20 万人。由于我的课程产品口碑很好，全网累计有 40 几个课程平台跟我签约合作，包括：喜马拉雅、

蜻蜓 FM、懒人听书、网易公开课、新榜学院、华为音乐、WPS、荔枝微课、创业邦等。

在此强调一点，宣传的基础是你的个人作品一定要过硬，这点非常重要。

2．借势名人和平台

我曾经给身价过亿的企业家和国家一级运动员、演员等量身打造过个人朋友圈。

2019 年 9 月作为圆桌特邀嘉宾，受邀参加新媒体千人行业峰会《拥抱后流量时代》。

以上都是借势名人和平台的影响力，来帮助自己迅速挤入行业头部的案例。

不管你是上班族还是创业者，一定要学会自我营销，学会借势营销。

3.2.2 创业精进：如果你想全面提升自己，请给自己一个创业的机会

1. 创业是全面提升一个人的大好机会

这里的创业，是指轻创业。其特点是人少、轻资产、精准、快，适合小团队或个体的精益创业。在轻创业过程中，由于轻创业属于轻资产或零成本投入，哪怕失败了，也不至于伤筋动骨，还能从中收获到经验。

2. 创业就是不断解决问题的过程

2018 年，我从公司裸辞后就一直用互联网做轻创业项目，一个人活成一家公司，自己开发产品、引流、销售产品并提供售后服务。有时候，我也不知道为什么突然之间就掌握了那么多的技能。

我认为创业是一个不断解决问题的过程，方法总比问题多，遇到问题就要想办法去解决问题。

2019 年，我们公司要转型做企业端业务，但是一直找不到突破口。直到我加入了全球异业联盟 BNI。

每周五凌晨 5 点去五星级酒店开会，跟一群事业有成的“70 后”“80 后”的企业领导深度交流和链接。在商会联盟待了 1 个月后，我拿到第一单生意。

我是一个性格特别内向的人，内心非常恐惧跟人打交道，怎么也没想到创业让我学会了商务社交。

3. 创业会让你获得意想不到的提升

2019 年，在做小米电商项目时，我带领团队一起南征北战，从广州、深圳到上海、宁波、北京和呼和浩特等地。

北京　　呼和浩特　　深圳　　上海

这期间发生了太多有趣的故事，也让越来越多的人看到轻创业真的可以改变很多普通人的成长轨迹。

当时团队里有一个宝妈叫 @ 梅子，她在参与这个项目之前是一名家庭主妇，微信好友只有几十人。跟着我们一起做轻创业项目后，用我们培训的方法她的粉丝数量涨到 300 多人，并靠这个项目实现零成本月收入过千元。

后来，她还在我们社群里专门分享了自己的成长历程，她的故事感染了数百人。

我总结了多次轻创业经验得出一个结论：人人都有机会成为创业者，未来只有合伙关系，没有雇佣关系。

3.2.3 打造案例：做出成功代表案例，冲进业内头部阵营

同处一个行业，一个普通从业者与行业头部高手相差的只是几倍的工资吗？大错特错。

他们相差的距离可能是几十倍，甚至是几百倍。

在新媒体圈，王六六是我最佩服的“95后”之一，他是一个特别爱折腾的人。2014年上大一时，他就已经靠兼职月入过万，还组建了一个2 000人的兼职团队。

后来，他又进入推广行业，几个月就赚了一大笔钱。但是没过多久，六六就把辛辛苦苦赚到的二十几万赔了个精光。

创业初期，他付出了很大的代价。在长达3个月的时间里，他把自己关在房间里，哪也不去，什么人都不见。

他的座右铭是：人若无名，专心增长。

他一直聚焦于裂变增长，并深耕和摸索，慢慢成为一名流量裂变增长操盘高手。他实操过近百次单日1万的增长案例，也曾多次以近乎零成本的方式，为个人和企业带来显著的流量效益。

六六因帮助某互联网大V的公众号单日涨粉40 000+，4天成功涨粉10万+，从此一炮而红，在运营增长圈奠定了头部专家的地位。

后来，六六从国内某知名知识付费平台，靠裂变增长这个标签成立了裂变增长实验室，吸引了全国3 000多名付费用户跟他学习裂变营销，孵化出不少裂变营销高手。

现在，他不仅财富增长了几百倍，社会资源和个人影响力所能撬动的商业价值也在持续增长，这跟以前行业里寂寂无闻的王六六可谓相差数千倍。

我在行业里认识的另外一个社群营销专家麦子也是如此，她深耕社群营销领域多年。

她做过一个非常知名的案例是：用 2 个月时间建立 210 万人的微信群，通过活动 + 运营 + 个人号的转化 + 会员体系 + 分销的设计，帮助酒仙网回款大获成功。

靠这个成功案例，麦子在各大知识付费平台总结分享了她的社群营销经验，获得非常好的反响。

你和专家的距离只差一个经典成功案例，因为你有亲自操盘的成功案例，所以更容易获得业内人士的认可。

如何做出成功的代表案例？

我曾经和众多的项目操盘手交流过这个问题，要想做出比较大的成功案例，首先要看天时地利人和。2018 年，新媒体圈裂变营销专家鉴锋老师曾策划某课程，1 天时间卖出数十万份线上课程。

后来，也有不少人用类似的分销裂变推广方法，但真正做成功的人极少。

其次，需要有非常扎实的项目实操经验，而经验来自数十次甚至数百次的失败，失败所带来的沉痛教训往往更有价值。

我们曾经也策划过不少失败的营销案例，印象比较深刻的一次是我在推广某一个项目时，一共投入 18 万元的成本，结果全打了水漂。

再次，要不停地实践，磨炼提升操作技能，等待机会出现。

最后，要看项目影响撬动的社会资源。社交资源更丰富的人，更有机会撬动流量资源，扩大传播的力度，打造成功的案例。

本章干货精华

1. 读书过程中不要被书牵着走，而是带着问题看书找答案，把书变成解决问题的工具。读书是过程，解决问题才是结果。千万不要假装努力，结果不会陪你演戏。

2. 提高学习专注度，需要做到以下几点：第一，把手机声音调为静音，不要接听任何人的电话；第二，关闭微信和其他社交平台的网页；第三，保持专注工作时间，每 25 分钟休息一次，休息时可以喝水、在室内走走；第四，每次只做一件事情，读书就是读书，写作就是写作，不要混在一起做；第五，不关心工作以外的任何事情，直到你工作结束。

3. 当你感到迷茫、前途未卜时，不要沮丧也不要盲目行动，而要学会静下来专注于一件事情，潜心修炼、储备势能再出发。

4. 所谓的知识加工和打磨就是用你自己的语言重述知识，并了解具体的应用方法。比如：我们在读书结束后，将书中散乱的知识点总结成一篇读书笔记、做成 PPT、录制成音频或视频等。通过加工与打磨知识，你将掌握一套内化知识的体系。

5. 如果你也想快速成为某一领域的专家，请务必掌握高效的读书方法：第一步，确定目标领域，锁定你的研究目标；第二步，搭建初步的结构化思考框架；第三步，寻找与主题相关的批量书单；第四步，正式进行主题阅读，快速简化书单，提取核心关键词，一步步完善思考框架；第五步，将框架中的内容加工输出，并分享出去。

6. 普通人写作是很难看到结果，那什么样的写作初心最容易坚持下来？具体分以下 3 类：第一，你真的热爱写作，即使没有收入，你也愿意写下去；第二，把写作当成一种爱好，一有时间就写，没什么目的，纯粹因为喜欢；第三，你有更崇高的理想，想成为作家，不达目的誓不罢休。

7. 每天写 1 000 字文章的秘诀：①有规律性写作；②准备好写作灵感记录册；③保持提前写作构思的习惯；④从个人定位优势去挖掘写作内容；⑤搭建你的写作素材库。

8. 我们要主动去传播自己，曝光自己。你的曝光量越大，深耕领域越久，个人商业价值就越高。

9. 你的个人代表作品和成功案例非常重要。没有个人代表作品和成功案例就没有进入行业一线的可能性。

第 4 章

升级个人品牌

4.1 品牌塑造：全面打造个人品牌

4.1.1 入门基础：如何让人快速熟知并且记住你的个人品牌

1. 什么是个人品牌

在高速路上，我们经常会看到各种露天广告牌。

你的个人品牌就是永不落幕的广告牌，你去到哪里，这个广告牌就跟着你到哪里。所以，每个人都需要好好打造自己的个人品牌。

很多大企业的创始人都会做个人品牌包装，然后为自己的公司代言，比如阿里巴巴的马云、小米的雷军、格力的董明珠等。

什么是个人品牌？个人品牌是指个人拥有的外在形象和内在涵养所传递的独特、鲜明、确定、易被感知的信息集合体，能够展现足以引起群体消费认知或消费模式的改变，具有整体性、长期性和稳定性的特性。

下面我们来看一个例子帮你快速理解什么是个人品牌？

一个男孩对女孩说，“我是最棒的，我保证让你幸福，跟我在一起吧。”这叫推销。

一个男孩对女孩说，“我家有 3 套房子，只要你跟我在一起，房子以后都是你的。”这叫促销。

男孩没对女孩表白，但女孩已经被男孩的气质和风度所迷倒。这叫营销。

女孩不认识男孩，但她身边所有人都对这个男孩夸赞不已，这叫个人品牌。

个人品牌是自带传播和说服效应的，拥有个人品牌就是拥有无形的高价值资产。

2. 个人品牌的两个段位

个人品牌其实是分段位的，请看下面这张图。

初级个人品牌：一听到你，就想到某个领域，大概知道你在该领域的地位

高级个人品牌：一想到某个领域或有某个需求时，第一时间就想到你，并且只想到你，而且要立刻付费

比如我们提起相声，大部分人会想到德云社和郭德纲；提起魔术，会想起刘谦。

比如想买口红，就会想起李佳琦；想到读书就会想起樊登读书。

如果你的名字约等于一个产品或一个细分领域，那么你的个人品牌就是终身溢价的个人资产。

3. 取一个易记的个人品牌名

一个人的名字对个人品牌打造和事业发展有着极其重要的关系，

比如成龙的原名叫陈港生；汪涵的原名叫汪建刚；王菲的原名叫王靖雯……

这些明星和名人通过取新的艺名，让事业和名气一度飙升。

一个好的名字到底有多重要？至少要满足好读、好记、好传播、不跟别人的名字重复这几个条件。

下面举几个我认为不错的品牌名字。

比如以定位起名：早餐王子，吃早餐就想到了早餐王子，很好记。

以叠词起名：比如王六六，非常好记。

以熟词起名：比如关键先生，熟词能加深人们的记忆。

在互联网生态环境里，人们天然会对真实的内容更加信任。所以，如果实在想不到该起什么名字，用自己的真名也是相对不错的选择。未来，如有更好的名字再修改。

4.1.2 高维打法：你的个人品牌价值千万

在打造个人品牌的过程中，如何让人快速了解并记住你格外重要。

因此，我们需要掌握一些个人品牌塑造的高维打法，让你的个人品牌更加与众不同。

1. 打造价值千万的个人品牌语言钉

什么是语言钉？语言钉指的是广为传播的一句话，它能给人们留下深刻的印象。

比如脑白金的金句“过年不收礼，收礼就收脑白金”。

普通人如何打造自己的个人品牌语言钉，请留意以下 4 点：

①你的定位是什么？

②你的使命是什么？

③你的愿景是什么？

④你的价值观是什么？

这四句话的答案将会成为你的语言钉，只要坚持重复传播，别人就会记住你。举例：

你的定位是个人商业战略顾问；我的使命是让每一个有技能的人都能拥有可持续开源的个人品牌；你的愿景是帮助 10 000 人成功靠个人品牌实现商业价值，并成功影响 100 万人；你的价值观是终身学习、付出就有收获。

接下来就是反复传播，只要你跟任何人反复传播你的理念，久而久之就会变成深入人心的语言钉，让人再也忘不掉。

2. 设计抢占客户心智的视觉锤

在品牌传播过程中，视觉传播也扮演着极其重要的角色，就像一个视觉锤，深深烙印在人们的脑海中。

比如，我们忘不掉耐克的“打钩”标志、麦当劳的“金拱门”标志、腾讯的“企鹅”标志……这些视觉设计加深了我们对一个品牌的认知和记忆。

那么，在个人品牌打造的过程中，该如何借鉴和应用呢？

首先，我们需要给个人品牌确定一个主题颜色，比如我经常用青绿色。不管是 PPT 背景还是海报设计的背景都尽量保持这个主题颜色，连这本书也保持这个主题色。通过反复传播后，我的学员们一看到这个颜色就会想到我。

其实，我把个人名字和头像联系在一起，做了一个动漫形式的图片。一个小人手上端着一个银元宝，他叫端银。（起初，刚开始用端银这个名字时，没人能记住。）

再次，我每次去线下授课或者做分享时，都会带上我的元宝道具去拍照，好加深大家对我的印象。就这样，我的粉丝们很快就记住了我。

人的记忆总是会产生关联，当你看到一件事物有很多关联时，就容易记起来。因此在做传播的过程中，要给用户留下很多的记忆钩子。

这种记忆钩子也可称为记忆关联元素，元素越多越好记。而所有元素的集合就叫个人品牌视觉锤。

4.2

品牌包装：这样包装自己，十倍提升个人品牌价值

4.2.1 形象包装：一定要让形象走在成功前面

俗话说，人靠衣装马靠鞍。陌生人在了解你的才华之前，首先是从你的外在形象开始的。

1. 外在形象包装

每个人都要懂得自我投资，一是投资自己的大脑，二是投资自己的形象。

初入职场时，很多人都不太注重自己的穿着打扮。我过去也是这样，工作 1 年以后还是穿着五分裤上班。

我第一次意识到外在形象的重要性，是在参与了 BNI 国际商务平台活动后。那时，我们每周五都要参加商务早会，早会要求男士必须穿西装打领带，女士必须穿正装配高跟鞋。这是基本的社交礼仪，同时也能让你更有进入工作状态的仪式感。

从那以后，我每次出席重要的公开场合，都尽量穿西装。

我建议男士平时不要一有时间就打游戏或刷抖音，多学习一下怎么穿搭；女士不仅要学穿搭，还要学习怎么化妆。如果有条件，可以请专业形象设计师帮你做全套形象改造服务。

下面是我通过请专业的形象管理师帮我设计发型和穿着后的改变。改造后，整个人的形象和气质都比以前提升了不少。

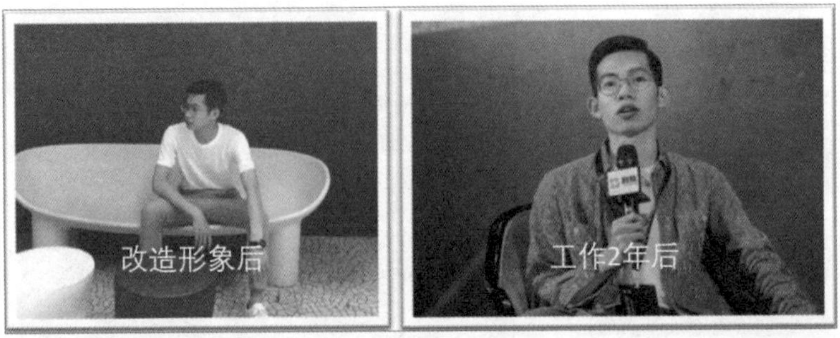

2. 外在价值包装

在职场上，仅靠包装自己的形象还不够，还要懂得做价值包装。我有一个高中同学，毕业后一直从事医疗销售工作。刚开始工作的那几年，他的业绩一直不怎么好。他每次去拜访客户，客户也爱搭不理，有的甚至还躲着他。

由于三番五次被拒绝，无奈之下他的领导只能亲自去约谈客户。他的领导在这个行业已经工作了 10 年，这天，他领导开车来到了这家医疗机构，没聊多久就出来了。很快，这单生意就谈下来了。

他去找领导请教，为什么自己三番五次被客户拒绝，而领导一去就成交了。

领导只说了一句话："客户觉得你资历太浅了，不放心把生意交给你。"同学顿时恍然大悟。

人性总是趋利避害，没有人愿意长期跟一个没有价值的人交往。在与客户交谈时，要把自己的价值从言谈举止中表现出来。

3. 网络形象包装

在互联网时代，你有没有发现现实生活中的朋友越来越少了，而认识的网友却越来越多了。

你的网络形象价值百万，可惜很多人都不认真对待，导致陌生好友对你不感兴趣。

以添加微信好友为例，一个新好友会不会持续关注你，取决于添加成功后的 5 秒钟。这 5 秒钟里，他们会看你的微信头像和微信朋友圈封面。如果觉得你的网络形象很好，那么就会对你有一定好感。

我强烈建议大家，一定要去拍几张好看的形象照，既可以在职场中使用，又可以作为互联网形象展示，一箭双雕。

4.2.2 标签包装：职场工作 10 年，不如别人提炼的 3 个标签

在职场中，学会提炼个人标签非常重要。有一个朋友在一家公司做了 10 年文员，老板经常让她帮忙做 PPT、改文案、写通知等，导致她的日常工作很琐碎，她感觉自己什么都会，却又没有特别拿得出手的技能。

去年，她们公司招聘了一个“95 后”女生做文员工作。这个女生在朋友圈个性签名处写了一句：“PPT 女厨神”，每天下班后自学 PPT，并把作品晒到朋友圈和微博打卡。有一次，她发的朋友圈被领导看到了。

第二天，领导就让她做了一个新品发布会的 PPT，结果做出来的效果非常好，客户们都很满意。为了奖励，领导直接给她涨薪，专门负责公司重要PPT内容制作。“PPT 女厨神”这个标签也彻底在公司里传开了。

一个好的标签能够让人快速感知到你的价值。

标签到底要怎么提炼呢？这有 5 种方法。

第一种标签：背书 + 职位

比如：前腾讯产品经理，背书是腾讯公司，职位是产品经理，两者结合起来就是一个很好的标签，证明你有名企从业经历且职位较高。

第二种标签：成绩 + 定位 + 身份

比如，我常用的标签——百万级朋友圈营销课主讲人。百万级是成绩证明；定位垂直细分领域是朋友圈营销；身份是课程主讲人（讲师）。

第三种标签：亮明身份

常见的有某某公司创始人、创业公司联合创始人。这种标签提炼比较适合于自创公司或品牌的创始人使用。

第四种标签：权威证明

比如我在标签处加上《微信赚钱红宝书》的作者，但凡是有权威单位或作品证明的身份，都可以直接用来作为标签。

第五种标签：年龄层 + 定位

例如，前面的“95 后 PPT 女厨神”，让人一看就知道她的年纪和擅长的技能。

用以上 5 种方法，相信你可以找到并提炼出相对突出的标签。另外，在使用标签时，标签是可以进行叠加的，这样看起来更加让人信服。

以我的个人标签为例：《微信赚钱红宝书》作者、百万级朋友圈营销课主讲人，曾服务过小米、安利等企业、帮助 10 000+ 学员靠朋友圈有效提高副业收入。

如果你初入职场，觉得自己没有擅长的领域，那么强烈建议你先给自己设立标签，至少让人知道自己擅长的领域是什么。

我早期用的标签是“90后朋友圈营销老司机”，这和“95后PPT女厨神”是不是有点像？

当你在垂直细分领域里持续深耕，不断获得新的成就和资历时，你的标签还可以进行持续升级。所以，我每年都会重新提炼自己的标签。这样做的好处是，让人们看到你一直在进步，看到你慢慢成为细分领域专家。

值得提醒的是，提炼标签时一定要实事求是，不要过度包装自己，更不能伪造标签，否则会弄巧成拙。

4.2.3 简介包装：这样做自我介绍，大家都抢着来链接你

1. 带着目的去写自我介绍

写自我介绍时要有目的性，但是很多人并不知道为什么要做自我介绍？

一般来说，目的有三个：

第一：为了加深大家对你的印象和认识；

第二：希望让人快速记住你，记住你是干什么的，做出了哪些成绩。

第三：希望有进一步的交流和链接，以便促进合作和交易。

很多人写自我介绍往往只站在自己的角度，很少考虑到用户的感受，这会导致用户对你不感兴趣。

此外，很多人的自我介绍缺乏针对性，没有梳理清楚自己的定位和能够给特定人群提供的价值、服务和资源。这又会导致对方不理解你的业务，造成后期交易艰难。

2. 写自我介绍的3个策略

做个人简介包装是有策略的，用对策略事半功倍。

举个例子：某一天，你加入一个新的微信群，当所有人都往群里发自我介绍，你最愿意添加什么样的人？

厉害的人？优秀的人？对自己有用的人？还是潜在的客户或合作伙伴？

其实都不一定！当你看到群里有很多信息同时出现时，你的第一反应并不是筛选，而是谁的个人介绍更能吸引住你的注意力。

策略一：抓住对方的注意力，迅速脱颖而出

学会抓取人的注意力是一项很重要的能力。比如，你在群里做自我介绍，怎样抓住大家的注意力呢？

技巧很重要！当别人都只是发文字时，你可以发一张很有质感的自我介绍海报。当有人也发海报时，你还可以发红包。

如果别人只是发一个红包，那么你还可以发连环红包，并在每个红包上写好引人注目的文案。这就是抓住注意力的实用技巧。

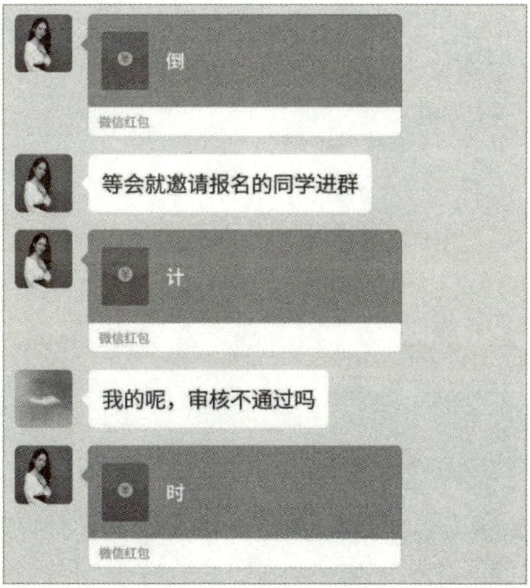

除了文字、海报、红包以外，你还可以发文件或链接版本的自我介绍。在网络社交中，发文件能够做到霸占 1/6 的手机屏幕，特别容易抓住人的注意力，甚至比发红包效果更好。此外，懂得发文件简介的人非常少，它会给人建立耳目一新的感觉。

策略二：塑造个人价值，给人树立权威感

当你成功抓住对方的注意力后，就要让人一眼识别出你就是那个值得链接的人。核心秘诀主要看你的自我介绍文案包装。

我的学员廖总，本身就是电脑销售维修领域的老司机。他拥有过硬的电脑选用和维修技能。

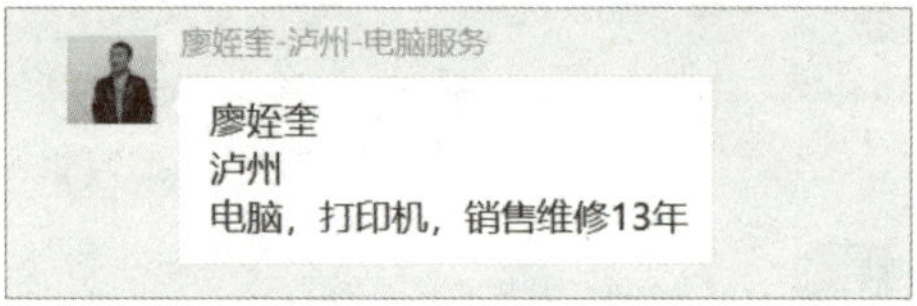

然而，当你看完他的介绍后，很难感知到他这 13 年来服务客户的效果怎么样？我们不知道他是否愿意提供具体的服务和价值。

那么，在廖总原介绍的基础上，还可以怎么修改？示范案例如下：

“从事电脑销售维修 13 年，× × 市的电脑王，累计销售电脑 × × 台，帮助 × × × 位客户成功抢救电脑 × × × 台，获得 × × × 称号 / 荣誉。

一份优质的自我介绍要求能突显出个人专业价值和权威性。

策略三：将你的专业与客户需求联系起来

很多人的自我介绍都把自己写得很厉害，却没有做到跟自己的目标人群产生任何关系，原因就是缺乏用户思维。

做自我介绍自始至终要站在对方的角度去思考，你的专业技能怎么帮助到你的目标客户？哪怕只是提供非常微小的帮助。

同样以廖总的自我介绍为例，我们再做一些价值延伸和链接：

“我能够提供的价值：不推销，1 分钟教你用最少的钱买到最好用的电脑，3 分钟内帮你解决掉任何电脑使用的疑难杂症。遇到任何电脑问题都欢迎找我老廖！”

通过前后修改的自我介绍对比，你是不是更愿意去链接他？

写自我介绍一定要时刻考虑用户的需求，把我想要的改成能帮对方做到。示例如下：

“某人的目标是年收入百万”改成“我想帮助身边 100 个行动派实现月入过万”，前后两句话看起来好像是在表达同一个意思，其实后者更加吸引人。

3. 一个万能框架教你写好个人简介

一个优质的简介一定会包含如下 4 点信息：

- 我是谁（品牌名）
- 我是做什么的（品类名）
- 我做出了什么成绩 / 案例（信任点）
- 我可以提供价值 / 我可以帮你实现 ×× 目标（链接点）

请看下图中的参考案例：

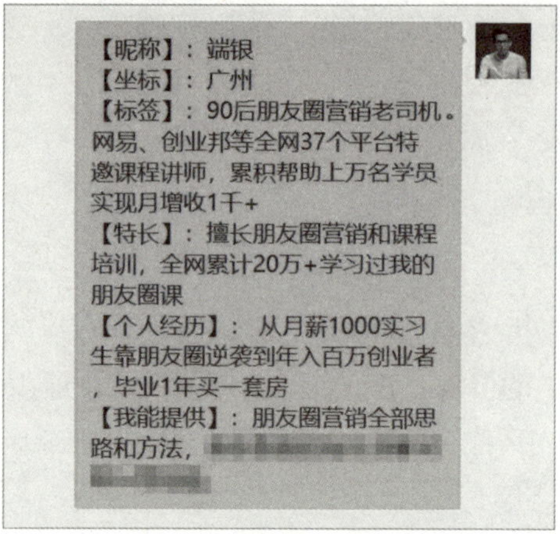
【昵称】：端银
【坐标】：广州
【标签】：90后朋友圈营销老司机。网易、创业邦等全网37个平台特邀课程讲师，累积帮助上万名学员实现月增收1千+
【特长】：擅长朋友圈营销和课程培训，全网累计20万+学习过我的朋友圈课
【个人经历】： 从月薪1000实习生靠朋友圈逆袭到年入百万创业者，毕业1年买一套房
【我能提供】：朋友圈营销全部思路和方法，[redacted]

你是谁？对应的就是你的昵称。你是做什么的？对应的是你的个人定位。（在此强调一点，很多人在写个人定位时经常表达不精准，容易误导对方。）

这样的例子有很多，譬如：我是微商、我是一名创业者、我是自媒体人等。用这些词来表达自己的定位都不精准，因为它们表达的是一种身份，并不能让人快速理解你到底是做什么的？链接你有什么好处。

再参考一个学员@王中亮老师的简介。他写的个人定位非常精准——“退役军人自媒体创业者”，看完简介立刻就能了解到他是干什么的。假如我刚好也是一名退役军人，我可能也会迅速锁定这个人。

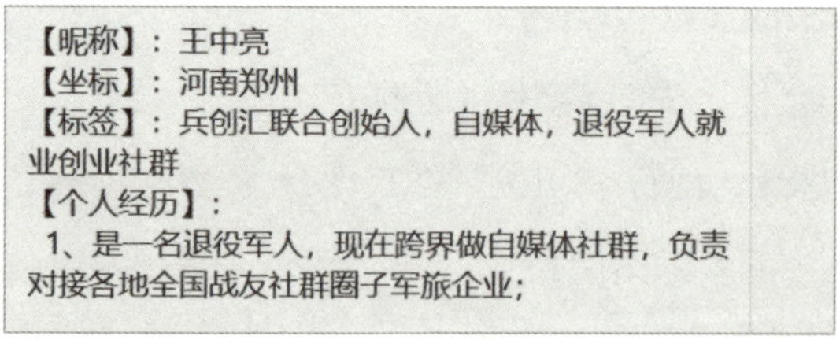
【昵称】：王中亮
【坐标】：河南郑州
【标签】：兵创汇联合创始人，自媒体，退役军人就业创业社群
【个人经历】：
1、是一名退役军人，现在跨界做自媒体社群，负责对接各地全国战友社群圈子军旅企业；

总结起来就是一个公式：用户群体 + 品类 + 身份。

自我介绍的核心是为了让指定的精准用户迅速注意到你并且忍不住

想要链接你。这是做简介包装的精髓所在。

写完个人定位后，要接着列举自己做过的成功案例或成绩。这时，要特别注意两点：

第1点：案例一定要与自己的个人定位相关，因为介绍案例的目的就是对个人定位的解释和支撑。大部分人都以为自我介绍写得越多越好，实际上少就是多，与自己定位无关且无法证明个人价值的经历建议全部删掉。

第2点：案例一定要用上包装的技巧，这里包装不是贬义词，不是夸大包装，而是换一种说法去描述自己的亮点经历。

举个例子，有人随便写的一个简介："通过一对一辅导，帮助无数女性学会科学瘦身。"

我们用包装技巧换个说法，即"专注于女性健康瘦身××年，一对一辅导帮助×××女性成功实现科学健康瘦身，其中有×××位实现单月轻松瘦身20斤"。这句自我介绍，一共用了4个文案组合包装技巧，即塑造权威性、数字化呈现、结果化对比和真实案例论证。

很多人都认为，个人简介看起来很简单，实际上背后的学问很大。希望你能把这些技巧应用起来。

4.2.4 案例包装：抛弃你的简历吧，请用过硬的实战案例证实自己

刚毕业的大学生在找工作时，由于缺乏工作经验，简历中唯一的亮点就是在学校里的社会实践。当你工作2～3年以后，就需要好好包装自己的成功案例。

小李是我在PPT培训班上认识的同学，他学习PPT的唯一目的是做出一份完美的简历，争取在应聘时取得一份薪酬不错的offer。

我们在一起学习了2天，他确实把简历做得非常漂亮，但是最后依

然找不到心仪的工作，于是感到非常郁闷。

究竟应该怎么做呢？简历其实只是第一关，你必须要有自己的成功工作案例，用案例来说服面试你的领导。

方法 1：展示个人作品

方法 2：包装个人案例

我见过很多工作能力强的职场人，偏偏在应聘的时候吃了大亏。

比如：同样是面试活动策划岗位。A 员工只是轻描淡写自己在 ×× 公司做活动策划五年。B 员工则写：5 年活动策划经验，累计组织过 200 场千人线下大会，拥有丰富的活动策划经验。

这就是案例包装的魅力，也许 A 比 B 的能力更强，但是我相信 99% 的领导都更加想要 B。

所以说要学会自我包装，才能让自己的价值迅速被人发现。

4.2.5　故事包装：讲一个打动人心的故事并重复分享传播

丹尼尔•平克曾说过："讲故事将会成为 21 世纪最应该具备的基本技能之一。"

人们往往愿意相信事实和数据，但无意间却会被故事吸引并沉浸其中。经过情感包装的事实，会以洪流般的势头迅速打开人的心门，进而最大限度地影响人们的心理走势。所以，学会用故事来包装事实，更容易获得人们的认同感。

常见的故事结构有两种，只要把这两个故事结构套用好，普通人也能写出打动人心的故事。

第一种故事结构：起点低——过程苦——效果好

这种故事结构模型比较适用于那些起点很低，最后却取得好成果的普通人。下图是我之前写过的个人故事。

中国移动 上午11:28 75%

农村出身的典型学渣，24岁年赚[illegible]，不拼父母的他是如何做到的？

原创：写故事的 端银 2018-03-31

▲点击关注“端银”，离优秀的自己更近一步

某天晚上11点，一个学员加他微信，第一句话就说：

“老师，听了你的课很受启发，感觉过去几年的朋友圈都白刷了。我一直都觉得朋友圈这么简单的玩法都不会啊，更何况我每天都在玩。学了你的方法，我才知道原来想做好朋友圈运营，光刷是没用的，更多的是思维和方法。

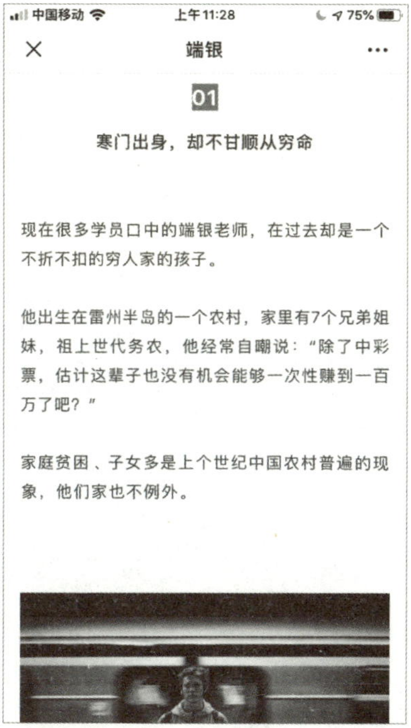
中国移动 上午11:28 75%

端银

01

寒门出身，却不甘顺从穷命

现在很多学员口中的端银老师，在过去却是一个不折不扣的穷人家的孩子。

他出生在雷州半岛的一个农村，家里有7个兄弟姐妹，祖上世代务农，他经常自嘲说：“除了中彩票，估计这辈子也没有机会能够一次性赚到一百万了吧？”

家庭贫困、子女多是上个世纪中国农村普遍的现象，他们家也不例外。

首先，在故事的第一个部分介绍主人公过去起点低又不为人知的经历。在描述经历时，多进行细节描写，刻画出一个真实鲜活的底层人物形象。

接着，在故事中间部分，用相对多的篇幅写出主人公为了寻求改变，付出不为人知的努力和辛酸。

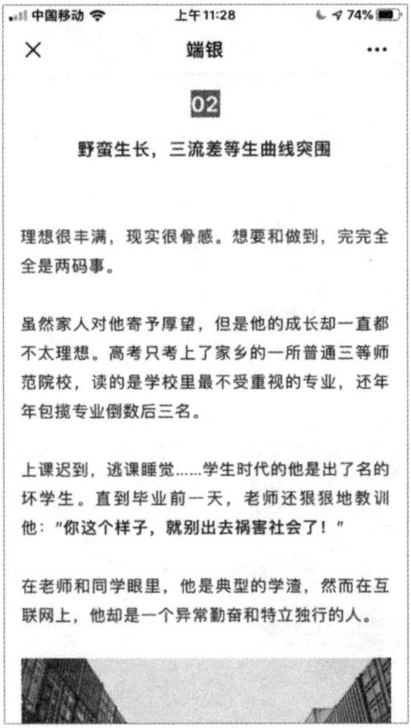

很多新手在写故事时，习惯按照自己的想法写故事，最后写出来的故事是平铺直叙的。读者看完后，内心没有一点波澜。

其实，好的故事总是充满情感，让人看完故事后对主人公产生敬意和崇拜。

因此，在这个部分的内容，我们要学会设计对立面人物形象，让故事主人公历经坎坷和磨难。比如，我在故事中设置的与主人公对立的人物——老师。原来我是老师眼中的坏学生，后来我通过刻苦努力，最终实现了自我蜕变。

最后，在故事结束前，把主人公取得好的结果公布出来。让人看到主人公历经千辛万苦，终于修成正果。

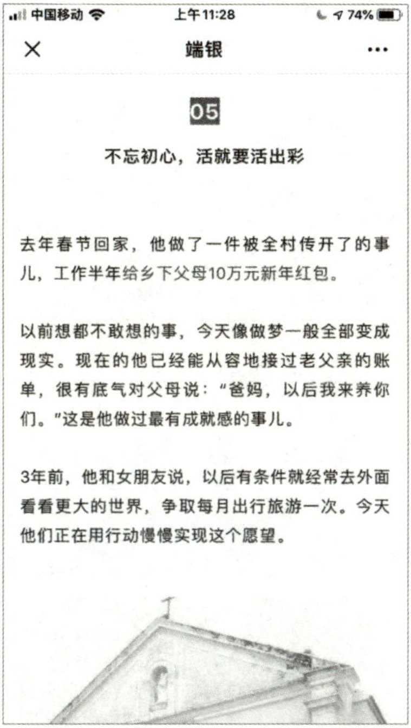

第二种故事结构：英雄之旅

不少故事或电影都有这样的情节。拿着一手好牌的主人公因为某个事件突然丧失了他本该拥有的东西。为此，主人公耿耿于怀，从此一蹶不振。

后来，主人公因为遇到了某位“人生导师”，突然将他点醒。主人公就此奋发图强，誓要夺回自己失去的一切。很可惜，在斗争中主人公失败了。然而，失败并没有打倒主人公，反而愈挫愈勇。高潮部分，主人公为了赢得最后的胜利，联合众多帮手打倒敌人，整个故事就此结束。

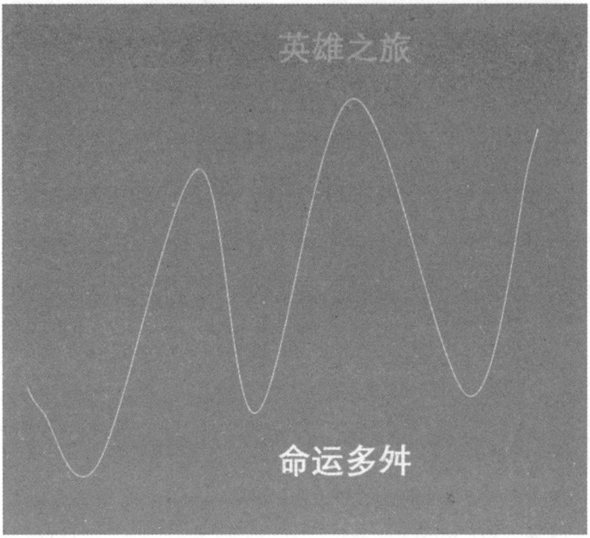

这种故事结构，我们称之为“英雄之旅”。主人公被设计成一个英雄角色，弘扬不怕困难、不畏艰险、奋勇图强的精神。这种精神往往更能赢得读者的共鸣与认同。

通过以上两种故事写作模型，相信你也能写出属于你的精彩故事。值得一提的是，写好个人故事后，记得把你的故事展示给每一个没有了解和即将了解你的人。切记，重复传播，会让你的故事更加深入人心。

4.3 品牌展示：借助互联网，快速提升个人品牌曝光量

4.3.1 朋友圈营销：你的朋友圈价值百万

1. 朋友圈的三大核心价值

对于一个普通人来说，我认为朋友圈至少有如下三个大方面的价值，每一样至少价值百万。

第一：社交价值

每个人的微信里都有不少好友，有的甚至能够加满 5 000 人，假如你能够从众多微信好友中结交到一些优质的高人，并且能够在关键时刻与这些高人达成合作共识，那么背后带来的社交价值将不可估量。

俗话说，一个好汉三个帮。当你的朋友圈累积了各行各业的优质人才时，你有任何需求都可以直接通过朋友圈来解决。

比如，我不懂设计，但是我的微信里加了很多设计师，每加一位设计师就会打上标签并备注好“设计”这个关键词，只要下次有需要就搜索“设计”，我就能够快速检索到他们，并与他们达成合作，省时省事。

第二：品牌价值

互联网时代，每个人都是一个小品牌。品牌是可以溢价的，假如你善于通过朋友圈来展示和宣传你的个人品牌，这会让你的个人品牌价值效应成倍放大。

第三：商业价值

这是一个商业时代，只要有人、有价值交换就可以产生收益，而朋友圈刚好符合这样的条件。

所以，我们会看到特别多的宝妈通过在家卖货也能实现月入过万这样的案例。在我的朋友圈里，这是非常常见的。你也可以在你的朋友圈售卖你的技能和产品，只要是合法且不违反人性道德的都可以去打造。

2. 经营朋友圈的三大核心秘诀

朋友圈顾名思义，你得先有朋友才能有朋友圈。经营朋友圈的核心秘诀是围绕这 3 个关键词进行的。它们分别是：价值、信任和希望。

第一：塑造价值

人往高处走，水往低处流。人都喜欢跟强者在一起，喜欢跟有价值的人打交道。

所以，经营朋友圈的第一要义是把个人价值给塑造出来，让自己看起来更加与众不同。

如何去塑造个人价值，可以从如下角度去做：

①展示你的个人技能与成功案例，让人看到你在某个细分垂直领域有一定的建树。

所以，各位不要碍于面子，不敢晒你的成绩或者不好意思去晒你的案例。要知道，如果你不在朋友圈晒，大家根本就不了解你，更无法感知到你的价值。

②展示你的朋友圈。当别人看到你的朋友圈都是高人，你的价值自

然就能够被烘托出来。

你可以晒的东西非常多，比如上下游的合作商、曾经帮助过你的贵人和导师，以及那些默默支持你的粉丝们。

比如，我之前在深圳，就有一个艺人请我吃饭，咨询关于朋友圈营销的方法。

③展示你的产品和资源，让大家看到你实实在在的实力。

如果你开发了一个产品，不妨大胆地在朋友圈晒出来。我就经常在朋友圈晒我的课程和图书，有时候也会截图晒我后台的粉丝资源。

记住，价值营销的核心就是展示高价值的自己。

第二：打造信任

很多学员们都说朋友圈营销太难了，其实最大的原因在于你不会通过朋友圈打造信任。

其实，在朋友圈打造信任并不难，只要你围绕“真诚”二字来展开。

什么叫作真诚？你在生活中是一个什么样的人，就在朋友圈展示怎样的自己。

你可以展示关于你真实的工作、生活、家庭、思考等，尤其是生活类的朋友圈内容特别容易提高别人对你的信任度。

如果你是一个年轻貌美的女生，可以在朋友圈多发自拍，这样能快速建立信任。如果你已为人父或人母，跟你孩子拍张合照，不仅显得温馨，而且能够增强信任。

如果实在不知道晒什么，也可以像我一样，逢年过节与家人们来一张合影，效果也是相当好。

第三：营造希望

销售任何产品都是在营造希望和未来，客户并不关心你卖了什么，只关心拥有产品之后能获得的改变和收获。

如果你认真运营朋友圈，会发现有几类人特别会玩朋友圈。

比如，有经验的微商们很少会在朋友圈晒产品和项目，而是不遗余力地在朋友圈晒跟随做项目的人，在零基础、零资源的情况也能成功实现个人的梦想。

再比如，资深的企业经营者喜欢在朋友圈发布企业发展状态，与员工们的庆祝时刻。

朋友圈是最简单、最适合普通人去做自我营销的阵地，你的朋友圈价值百万。

4.3.2 自媒体写作：如何迅速提升自媒体写作技能

自媒体时代，不会写作的人正在慢慢丧失竞争力。学会写作，可以轻松拥有影响他人的武器。

1. 1小时快速写好一篇自媒体文章

首先，我们要理解新媒体文章是有结构的，分为选题、开头、中间和结尾，最难的是中间内容写作。当然，中间的内容也可以继续拆分为文章结构和内容素材。

其次，要快速把一篇文章的选题、内容框架和素材准备好。

最后，在自媒体平台快速开启你的创作。

当你熟悉全部的写作流程后，要做的事情就是用键盘快速码字输出，把脑子里想到的东西源源不断地通过键盘敲出来。

第一：做好文章选题

文章选题就是要跟读者分享的事情或表达的观点。

比如，这篇文章的选题就是想告诉你，怎样又快又好地写出一篇完整的文章。

当我们把这个选题的内容进行文案优化以后，它就变成了文章的标题《1小时写一篇文章，我的快速写作指南》。

标题背后的受众很清晰，它直接指向写作者，直接过滤掉那些对写作不感兴趣的人。

第二：开头写作方法

《文案训练手册》这本书讲过一个写作原理——滑梯效应。意思是说，要求作者写的内容能够让读者们读到最后，就像滑滑梯一样，一直往下滑到底。

开头怎么写？我总结了5个常见的开头写作技巧：

①讲价值：一个小技巧搞定日常腹泻问题。

②引关注：雪上加霜！某隔离酒店坍塌了……

③挖痛点：青春期的痘印一直伴随着……

④抛问题：年轻人到底先买房还是买车……

⑤开门见山：今天就和大家分享快速写作……

关于开头的具体写法，我们可根据不同的内容灵活套用。

第三：模仿文章结构

对于新手来说，最快的写作训练方法就是模仿。

我们可根据不同的写作题材，直接模仿优质文章的常见结构。

比如，前面提到的故事型文章结构：

①起点低——过程苦——效果好；

②英雄之旅；

再比如，观点型文章结构：

①总—分—总；

② 1—2—3—4—5；

在写作的过程中，最容易学习和模仿的就是写作框架。

核心方法是，通过阅读大量优质文章，从优质文章中提取适合自己的文章框架进行模仿。

第四：填充内容素材

文章结构一旦定好后，剩下的工作就是快速往文章中填充内容素材。

素材应该怎么填充？比如你要表达一个观点，就必须要找到相应的故事、案例或事实来论证你的观点。

再比如，要表达一个事实就必须找到与之有关的真实数据、图片、视频等来说明。

要想快速地完成素材填充，最好的办法就是提前准备好大量的写作素材。

建议平时多积累，包括故事、案例、段子、图片、视频等写作素材。这些素材就是你的写作弹药库，随用随取。

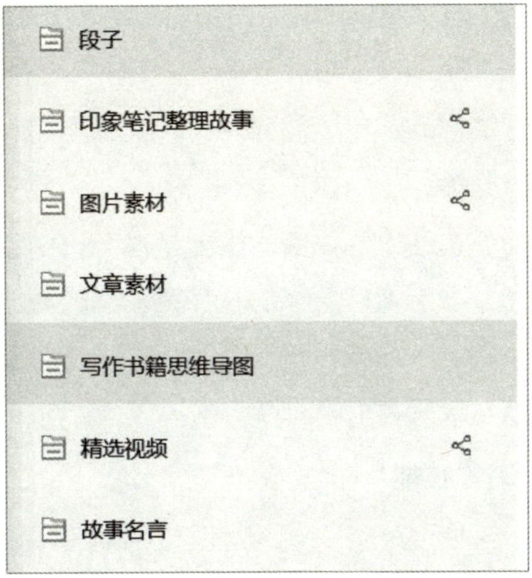

第五：升华主题收尾

写文章收尾也很讲究技巧，常见的新媒体文章收尾一般有3种类型：

①总结升华；

②引诱深入；

③行动指令。

特别解释一下，什么叫“引诱深入”和“行动指令”?

“引诱深入”是指作者通过内容来引导读者层层深入，以达到让读者愿意往下读的目的。

其常见写法是把内容写到一大半，但没有把最后的核心干货写完，只给读者留下一个钩子，吸引读者持续关注或引导联系作者。

“行动指令”是指作者通过写作内容给读者一个明确的执行行动。

这常出现在广告文案中，作者用行动指令来引导读者去做出某一个特定行为，比如购买某产品。

第六：快速输出和排版

输出没有技巧，想要写得快，先要写得多。我曾通过写几百万字，养成了键盘盲打的习惯。

当你学会快速输出后，只要想好写一篇文章的用意，整个写作过程就会如行云流水般流畅。

排版则更加简单，最快的排版方法就是找一篇排版较好的文章，将文章的内容复制到公众号素材，然后直接在编辑区写作，写完后配图并校对错别字，最后把原来复制的内容删掉。

就这样，一篇文章只要 1 小时就轻松搞定了。

2. 如何提升写作技能

写作本身也是一种刻意练习，成为写作高手的训练路径是通用的。

具体训练提升路径如下：

找到模仿对象——搜集目标对象作品——对作品进行拆解——对作品进行局部和整体模仿——找到差距和反馈点——不断复盘优化——试图超越对方。

按照这样的训练成长路径，首先需要找到 5 ～ 10 位与你文风调性相似的写作高手。

其次，用云笔记分类收集好他们的作品，并根据标题、开头、结构、素材、结尾、金句等做好分类。

我曾经花了一个多月时间专门搜集各种爆款文章写作素材，具体参考如下图。

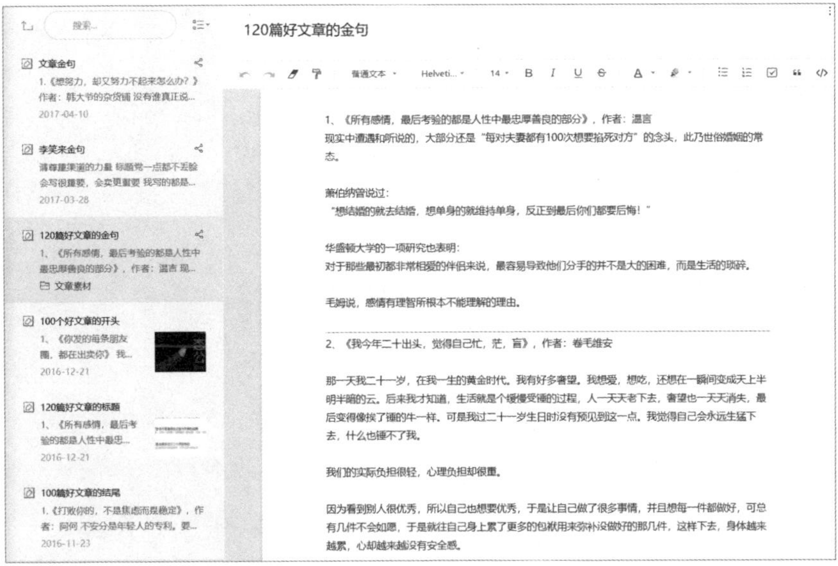

再次，对素材库的文章做拆解，思考对方为什么要写，自己是否可以模仿？如果可以应该怎么改？

用同样的选题来模仿高手们的作品写作，模仿写作结束后请把文章搁置几天，用几天业余时间去对比你写的内容和高手们的差距。思考应该怎么修改才能缩小这样的差距。

提醒一下，我不建议直接拿阅读量来跟高手们比，毕竟你和高手们的基础并不在同一个层次，可以对比的是相对文章的阅读量和转发率。

此外，还可以通过自媒体平台写文章来获得写作反馈，比如：我最近学习写今日头条文章，写了十几篇文章，有一半文章能达到 1 万以上的阅读量。

标题	推荐量	阅读量	评论量	收藏量	转发量	操作
35岁白领下班后卖盒饭，月赚1万，成年人的底气都是钱给的	199306	20711	19	288	63	详细分析
35岁白领下班后卖盒饭月赚10000元，存款才是成年人最大的安全感	11887	1007	1	19	7	详细分析
95后职场新人，工资3千，副业收入1万，下班后做什么才能稳定赚钱	1444	49	0	0	0	详细分析
她工资3千，副业收入1万，下班后靠谱的赚钱副业是这个	31851	2022	0	34	16	详细分析
建站2个月，净赚10万！会做个人网站的人到底有多赚?	128765	12962	19	667	97	详细分析
他靠个人网站狂赚上百万，揭秘个人网站赚钱的那些"捷径"	42407	3450	3	101	17	详细分析
40几岁大叔在家玩博客，年收入50万，总结了7个博客赚钱攻略	24558	1790	6	196	19	详细分析
大叔在家玩博客，年收入50万，总结7个可复制的博客赚钱门路	13096	1058	7	184	20	详细分析

在大量写作过程中，通过平台数据分析可获取反馈。哪些选题阅读量比较低？哪些标题读者爱看？什么内容能够引起读者讨论？

与此同时，平台也会给我反馈，到底写什么内容更容易火？

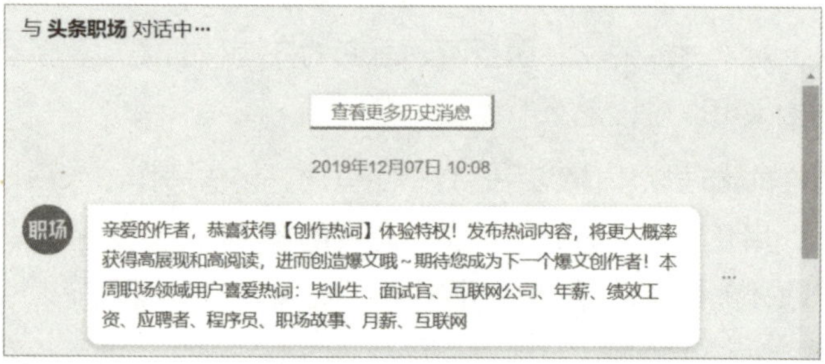

当你通过自媒体平台写了一段时间后，大部分反馈都会被投射出来。你需要做的事情就是根据反馈一点点优化自己的文章。

写作没有捷径，用好这套方法并坚持不懈地训练。假以时日，你的写作水平一定会得到提升，而且根本不需要再浪费钱到处去买课学习了。

4.3.3 线上课分享：做一次 1 万人的线上课堂分享，你也可以做到

线上课程比线上社群分享的规模更大，对专业的要求也更高。我曾

亲自多次策划过万人线上分享课堂。

以下面这节 1 小时的线上课堂为例，从策划到现场授讲一共分为 4 个环节。

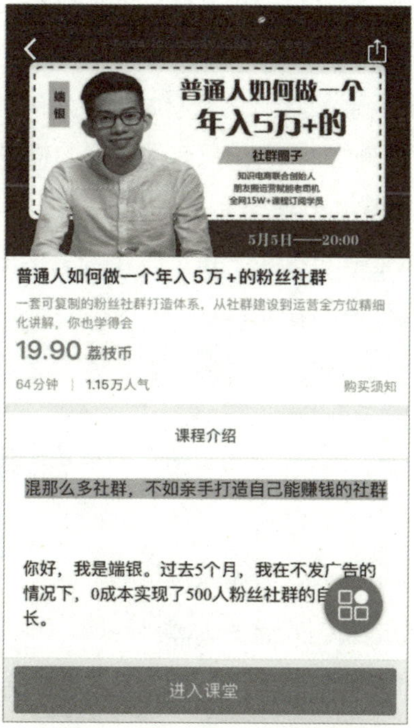

第一个环节：线上课堂选题策划；

第二个环节：线上课堂文案包装；

第三个环节：线上课堂宣传推广；

第四个环节：线上课堂分享流程。

接下来，我会逐一讲解每一个环节的具体做法，让你也可以做出一堂万人同时收听的线上课程。

1. 万人线上课堂选题策划

在前面的内容中我说过，选题策划要站在自身和听众的角度出发，并从中找到你既擅长，听众又感兴趣的选题。

策划万人线上课堂时要考虑很多元素，比如受众群体数量、内容刚需程度与频次等。

当受众群体越多，受众群体对某一个内容选题的需求越强，频次越高，我们的课程越能获得更多的人收听。

比如，你做一节关于《航天飞机上螺母是如何制成的》的课程，从受众关注度来讲，人群较少，可能只有那些专业机械人士会去听。

而《普通人如何做一个年入 5 万 + 的社群》这个选题的受众群体就会比较多，毕竟微信有日活用户量大，每个人手上有好几个社群。同时，大家也非常熟悉社群的存在。

另外，开源需求属于高频痛点需求，人人都想要获得，因此这样的主题会更加受欢迎。

因此，如果想策划一堂万人分享课程，你的课程选题务必要满足以下 4 个条件：

①课程受众群体足够大，覆盖人群足够广；

②课程内容能满足人们的痛点刚需；

③课程内容有更高频次的需求，而不是短暂性需求；

④分享内容对受众群体更有利，帮助大家解决实际问题或者带来有益的结果。

2. 线上课堂文案，让听众一看就想加入

线上课堂文案写得好，不仅能够带来流量，而且能够创造出巨大的效益。而销售课程毫不夸张地说就等于销售课程的文案。

课程文案要怎么写呢？一个好的课程文案至少包含以下 4 点内容：

①为了快速吸引听众观看你的内容，并决定快速下单，你需要在开头部分就亮明这堂课的价值，即学完这堂课听众可以收获到什么。

②介绍这堂课程的课程大纲。通过分享大纲的展示，让听众大致了解到你要讲的详细内容是什么？以下图的课程大纲为例，通过阅读，听众很快就了解到可以学到什么以及收获到怎样的结果。

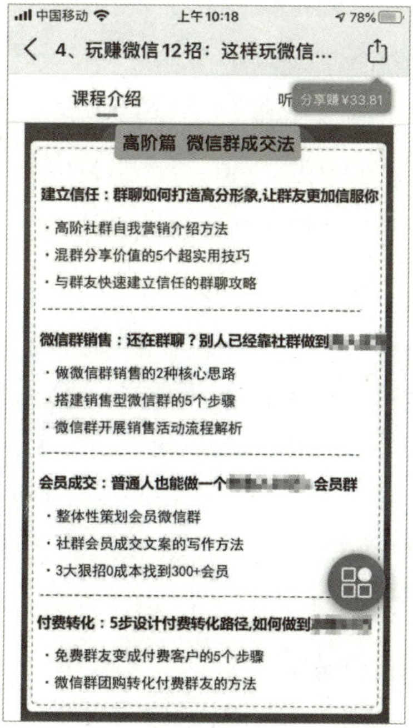

请注意，大纲一定要写得非常吸引人，它会直接影响到课程转化率，否则就会跳出你的课程页面，造成客户流失。

③介绍课程收获，即听众学完这堂课程后，可以收获到什么？你需要帮助听众一一罗列出来。

④引导听众行动，立刻订阅你的课程。

补充一点，为了增加课程的可信度，你可以在课程文案中植入讲师信息，让大家看到讲师在该领域的地位和成功的案例，证明该课程的含金量。

3. 3个推广策略，零成本迅速找到1万人

我们一开始就要想好课程的推广策略，建议先把课程势能推广起来，然后再扩大推广规模，最好考虑赚钱变现。在这里提供三个亲测有效的推广策略，帮你稳扎稳打找到1万个听众。

第一个策略：免费分享做裂变

免费分享做裂变是什么意思呢？比如一节课程本来定价是19.9元，为了扩大听众人数，我们开通了另外一个学习报名的通道。

这个通道是，只需要邀请3位好友来学习，即可享受免费听课权限。

为什么是1个人邀请3个人呢？因为邀请3个人对于一个普通人来说还是相对比较容易的，拉几个亲朋好友就够了。超过3个人以后，难度就会增大，听众可能会直接放弃。

假如1个人邀请3个人，那么有100个人主动去邀请，理论上会带来300个听众，3 000人去分享邀请，很快就能达到1万人。

我们用这种方式实现裂变式推广，屡试不爽。

第二个策略：低价分销做裂变

什么叫低价分销做裂变呢？同样的一节课，我们仅仅定价9.9元，然后在课程里设置分享赚学费的环节。

为了快速激发听众的分享欲望，建议把课程分销比例设置为100%，也就是一个听众分享这门课，他将获得9.9元，向10个人分享，就赚到99元。

不仅如此，我们还可以设计一个分销推广的影响力榜单，通过推广排名给出额外的奖励。

这样一来，推广者为了冲刺榜首获得更多奖励和荣誉，他们会更加卖力推广。

我曾经用这个方法让一堂 9.9 元的付费课成功帮助到 7 000 多人同时在线学习。

这种推广策略是通过让利给听众去传播，让推广者获利，听众获益，讲师获得人气和流量，三方共赢。

第三个策略：寻找大量推手做推广

推广的核心是流量带动，如果我们要快速把课程推广开来，则需要找到大量的课程推广者合作。

因此，你要找到大量的 KOL（关键意见领袖）和 KOC（关键意见消费者）。之所以要找他们，一方面是因为他们本身有大量的粉丝和追随者，另一方面是因为他们有强大的影响力，能够引导他们的粉丝去购买课程。

如何去撬动这些 KOL 和 KOC？一般有两种方法：第一种是通过分销让利和奖金激励，第二种是通过流量互换。

在此解释一下什么叫流量互换，就是你和某一个KOL做私下达成契约，这次他帮你启动同样的流量做推广，下一次你再帮对方推广。

除了以上的三个策略，课程本身也可以靠口碑自行传播的，比如我当时讲了一节课，开课时只有10 980人收听，现在的数据是15 750人收听，足足增加了4 000多人。

这些人是怎么来的呢？是听众听完课程后觉得有用，自动分享传播出去的。

课程设计高手经常在课程中植入分享呼吁。常见的呼吁文案如下："如果大家听完这几节课有用，欢迎分享给身边朋友学习，你也将获得额外的回报。"

4. 十大必备线上分享流程，看完立刻能用上

下一步就要进入正式的分享环节。整个分享流程也需要提前摸清楚，否则会手忙脚乱。

第一步，做好充分准备

分享之前做好充分的准备，包括内容准备、讲师准备、分享形式确认、熟悉直播间操作等。

第二步，提前预热

分享之前一定要做好提前预热，提前通知大家在什么时间和地点上课。现在很多听课平台都有自动提醒功能。不过为了提高到课率，建议也在群里提前通知。

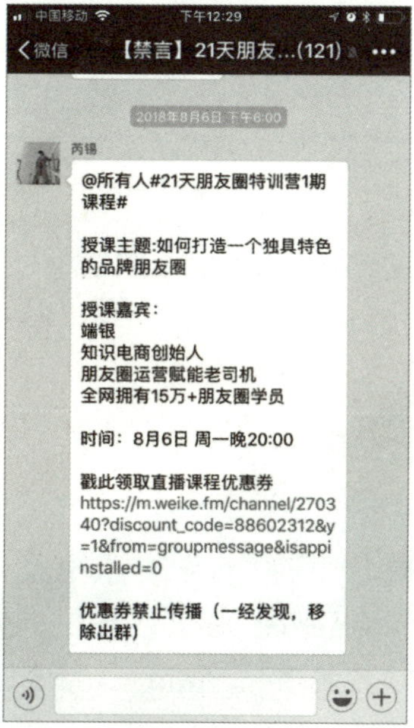

第三步，课前暖场

课程直播间最好有主持人进行课前暖场，告诉大家今天的分享内容是什么，有什么环节等。目的是让大家觉得这是一个很热闹的听课现场，不是只有讲师一个人。

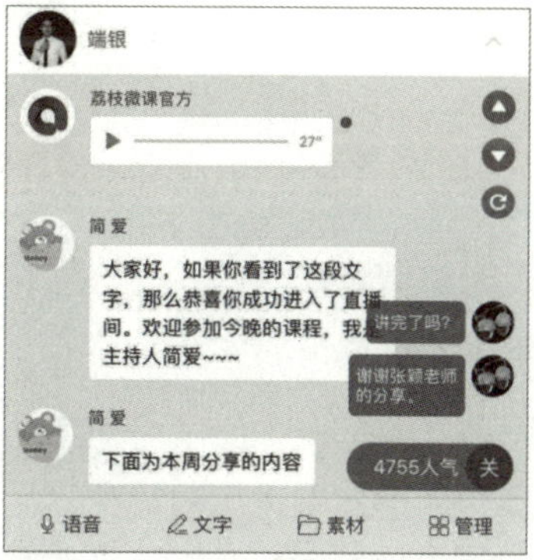

第四步，介绍分享嘉宾

主持人要介绍嘉宾，做过发出嘉宾的哪些优秀的案例，然后就把话筒递给嘉宾。

第五步，开场预热

开始话题引入，常见的引入方法如："分享马上开始了，在线的同学扣 1，在线的同学来签到"。

第六步，讲师出场

做好以上步骤就可以请讲师出场了，讲师根据提前设计好的内容开始分享。

第七步，及时控场

及时控场，在分享中显得极为重要，因为在现场分享时可能会遇到故意捣乱的人或者出现冷场情况，这就需要我们工作人员做到及时控场，把握好课程的节奏和气氛。

第八步，课后延伸

分享结束后，讲师可布置作业，还可以给学员做课后内容延伸，引导学员去分享学习的课程，具体要视分享的目的而定。

第九步，复盘总结

每进行一次分享都要及时复盘总结，记录下分享中出现的问题，后期再做改进。

第十步，品牌传播

分享结束后，要及时整理分享内容并进行品牌传播，比如现场截图分享，发布分享逐字稿供大家复习。

同时，也可以按照前面分享过的流量寻找方法，把资料覆盖到全网大渠道里，也就是把品牌活动效果进行可视化，尽可能地去传播，让别人看得到你在做分享，看得到你的影响力，长期坚持下去你会有机会去越来越大的舞台，当越来越多的人来听你分享，你的影响力会被放大 N 倍。

所以说越懂得分享的人越成长，越聪明的人越懂得抢着去分享。

通过以上的方法和步骤，你的个人影响力会迅速扩大。

做线上课分享是最低成本实现个人的品牌曝光的方式之一。以上的干货内容是我多年的实战心得总结，值得你去反复阅读。

同时，也建议你学完后立刻去实践。如果你还不太熟悉怎么操作并没有关系，多次组织课程分享后自然会沉淀出属于你的经验。

4.3.4 登上大舞台：从不敢上台到的企业特邀内训师

我是一个性格特别内向的人，一般不会主动和人说话。

这几年通过频繁的演讲练习，我不仅克服了演讲恐惧，还成为大企业的特邀培训师。

回顾过去的演讲成长历程，我总结为 4 个阶段：想讲、练讲、讲出彩、讲出结果。

1. 想讲：勇敢做演讲表达

人天生有表达欲，但是很多人做不到讲我所想，真让人痛苦。

2014 年，我曾经在网上跟北京的 Tom 老师学讲故事练习说话。当时，我们的训练内容主要是讲自己的故事。

为啥要讲自己的故事呢？因为你对自己的故事最熟悉，讲起来难度较低。当时用的工具是荔枝 FM，我累计录了 189 期音频，每个音频平均录 5 次才满意。这样的练习，我大概持续了 1 年多。

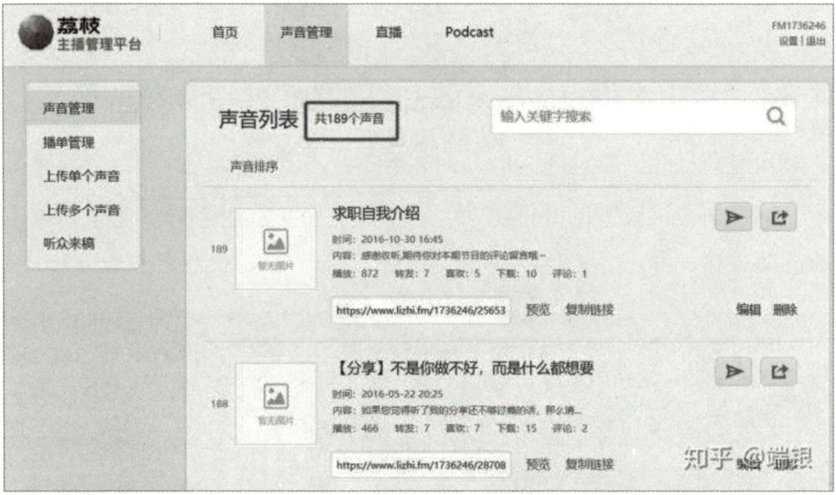

我认为演讲就是把你脑子里想的东西讲出来，这需要做到脑子表达比口头表达快。

怎么训练脑子表达比较有效？我目前尝试过最好的方法就是写作。长期的写作训练极大促进了大脑表达，让我一直很受益。

平时如果有机会，可以留意一下那些演讲高手们。你会发现他们不仅仅会讲，往往也很擅长写。

敲重点：如果你很有表达欲，可以先从写作开始练习自我表达。

2．练讲：让量变引起质变

人们不敢讲的最主要原因就是恐惧。克服恐惧比较有效的方法是把演讲的难度降低。

怎么降低难度呢?

写稿子照着念，这个方法几乎所有人都学得会。

我最初学演讲就是在微信群里用语音照着稿子念，念的时候尽量做到像平时说话一样，不要太一本正经，语速也不要过快。

后来，我又持续开发垂直领域的专业线上课程。为了讲好课程，我同样先写好逐字稿再讲课。虽然看稿子讲没有脱稿讲精彩，但是至少我不会因为恐惧而讲错。

数次成功的实战经历告诉我：只要你的演讲内容足够好，听众是可以包容你的某些缺点的。

比如有一些人天生讲话不清晰，有些人演讲带有方言口音。我希望大家不要因为这些不能马上改变的因素而停止演讲训练，反而要加大力度来训练。

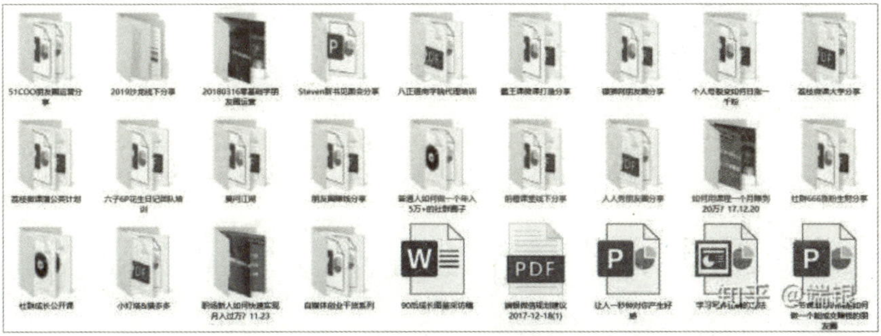

由于之前训练了几十场课程分享，我对自己的内容已经非常熟悉，后面慢慢尝试看 PPT 内容脱稿讲，再到最后不看 PPT 也能讲。

在线上累计做了上百场分享后，我又尝试了 50 人 ~ 1 000 人场大小规模的线下演讲，历经几十场线下演讲后，发现自己基本能够掌握线下演讲的奥妙了。

通过多次的线下演讲训练，我总结了一个能够克服恐惧的绝招——高能镇场面。

在一个密闭空间里演讲，恐惧的根源往往来自你的个人能量释放。很多人因为在演讲时释放的能量太小、镇不住场面，所以会感到恐惧。

特别是年轻的演讲者，很容易被观众们直溜溜的眼神唬住。放眼望去，好像所有人都在蔑视你。

我记得第一次去做线下培训，当时培训室里密密麻麻坐满了 100 多人，没有一个人认识我。刚上课时，很多人都眼直直地看着你，脸上没有一点笑容。当时，我心里是有点紧张的，非常怕讲砸。讲砸就意味着以后线下培训这条路可能会被拦腰斩断。

我是怎么化解这种现场恐惧的呢？

首先，提前30分钟来到演讲现场，提前检查演讲设备，尽可能地熟悉场地，熟悉坐在前排的几个观众，演讲紧张时就看着她们。

其次，为了能够迅速释放出个人能力，我习惯在开头介绍自己的成绩和案例。在演讲过程中，如果有机会举例子，也会优先列举过去辉煌的案例或故事。讲完后，停一停或者引导大家给你一点掌声，这样你就会成为全场能量最大的那个人，恐惧感也会立马消失。

最后，要在演讲过程中给自己留下一点喘气的机会，我常用的有效方法是：有奖问答和小游戏。我比较爱看书，我每次去演讲都会带上一本跟演讲主题有关的拓展书，答对提问的观众就送一本书。当观众领奖后，我就引导其他人给这个观众鼓掌。通过转移观众注意力来带动现场气氛，这个方法效果奇好。

总的来说，演讲第二个阶段最重要的是你要达到一定的训练量。通过不断地训练和总结，让量变引起质变。

3. 讲出彩：熟能生巧，让观众喜欢上你

演讲能不能讲好？我认为主要看准备是否充分。当你做好充分的

准备，精心设计过演讲过程，一般都能讲出彩，最坏的结果也不会讲砸了。

尤其是新手演讲者，建议准备好演讲 PPT。准备 PPT 有两个好处，一是可以提前想好你要讲什么，二是能够提醒你不忘词。

如果你再用心点，还可以写演讲稿，并在开始之前多念几遍。注意，线下演讲千万不要背稿，因为你不可能在演讲时还能一字不落地记住所有的内容。一旦你记不住内容，那绝对是一次大型翻车现场。

其实，写稿和念稿的目的只是为了防止你上台后突然大脑一片空白，帮助你增加对内容的熟悉感，仅此而已。

此外，难度最大的是演讲设计。它要求演讲者提前操控观众注意力，引爆演讲过程中的亮点、笑点和泪点。

关于这点，有需求的小伙伴建议跟专业的演讲专家学习提升。

4．讲出结果：让演讲助力事业发展

每次做分享都是有目的的，要么通过演讲扩大自己知名度和影响力，要么就是发现商机。

然而很多人去做分享，讲完就完事了，并没有做引流获客工作。这就相当于在做公益，至于有多少人以后会联系你，愿意听你的分享，你

是不清楚的。

到底需要怎么做呢？

我验证过一个特别好用的方法，当时现场有 100 个人听分享，最后 80 个人成功拿到了我的名片。我身边的培训师朋友也都用这个方法取得了不错的成果。

这个方法的核心是在分享过程中多次埋点，常见有 3 种埋点方法：

埋点方法 1：在分享中把一个内容价值包装到位，但不告诉听众具体的方法，需要引导大家获得演讲者的联络通道。

埋点方法 2：在分享中植入一个让人不可拒绝的诱饵（和你的演讲主题有关），让他获得你的联络通道。

埋点方法 3：在分享快结束时，学会表现演讲者的个人品牌魅力，并留下交流通道。

最后，用一句话来总结这几年演讲实践提升的精华：演讲本没有特殊的技巧，只是讲多了，后来就会了。

4.3.5 写书树权威：升级作者标签，10倍放大你的权威影响力

能否出版一本图书是打造个人品牌的分水岭，也是扩大个人影响力的有力工具和杠杆。

1．为什么要写书立著

写书的好处还是非常多的。

①升级作者标签

不管是在国内还是国外，作者的身份能够获得人们更多的认可和尊重。

虽然现在很多自媒体平台推出签约作者，比如我们常见的头条签约作者、简书签约作者等。但这些平台签约作者的权威性还是没有出版图书的作者强。

②打造个人品牌

写书能够帮助作者去梳理个人知识体系，并把这些碎片化的知识体系变成有知识版权的产品。一方面提升了作者本身的能力，另一方面也提升了作者的个人品牌核心竞争力。

③专业技能证明

图书出版物对于作者而言，就是他的个人代表性作品，也是展示个人在垂直领域专业技能的权威证明。同时也会带来更多的特权和便利，比如在各大自媒体渠道做身份认证时，作者的标签会获得特别明显的展示。

④提高朋友圈的质量

当你成为图书的作者后，一定会收获到一批信任你的读者和一群跟你一样精耕于垂直细分领域的作家们。

⑤带来更多的商业价值与合作机会

在营销领域里，有一个非常出名的文案老师叫关键明。关老师因为写了《爆款文案》这本畅销书获得了非常多的商业合作机会，后来他通过培训、社群和课程等产品都获得巨大的成功。

当然，成为作者的优势，远不止于此。如果有机会，建议你也写一本属于自己的图书。

2. 什么人适合写书

不少人一提到写作就开始打退堂鼓，而且会天然地认为写书是专业作者们才能干的事情，所以应该写不了。

这完全是一种自我设限的想法，只要你对某一个领域有自己的心得和体会，愿意把经验和心得分享出来，就可以写成一本书。

如果你认为写作太难，那么说话你总可以做到吧？我就曾经遇到过一个老师，他通过语音工具直接口述几万字，然后再经过整理，仔细推敲、打磨后出版了一本书。写书是个技术活，要经得起验证，绝非易事。

另外，图书的内容并不一定要由你一个人全部完成。你也可以联合其他的作者一起写一本书。当几个人一起写时，你们很快就能写完了。

等你积累了一定的写书经验后，再开始独立写一本专属于你的个人图书也是一种很好的方式。

3. 如何开启你的写书计划

当你有了写书的想法以后，如何快速开启你的写书计划呢？

首先，你需要找到一家专业且靠谱的出版社，并与出版社多沟通。

其次，要想清楚整本书应该写什么内容？当你和出版社的编辑老师确定好书的内容大纲以后，就可以正式制定写书计划了。比如，每天应该写多少篇文章。

再次，当你下定决心要写书以后，就要立刻开始跟出版社签约。为什么要做这一步呢？

人都是有惰性的，哪怕是每天输出几万字的作者们也会有。只有正式进入签约合作流程，才会有真正的写作仪式感。同时，出版社的负责人也会在背后催促你交稿，这样你才会真正关注写书这件事情。

我的这本书就是利用夜间休息的时间写的，每天写作 1 ~ 2 篇文章。

最后，找一个安静的地方，在无人打扰的情况下开始创作。记得有位作者在写书时，就曾一个人住进酒店，推掉所有的业务，利用一周左右的时间写完了一本书。

事实证明，心无杂念和专注的情况更有助于创作。

4.3.6 短视频红利：短视频时代，素人也有机会成为流量担当

1. 全民短视频时代已来

据《2019 中国网络视听发展研究报告》显示，短视频是仅次于即时通信的互联网应用，成了网络视频的主力军，也成了人们最主要的娱乐视频休闲方式。

短视频时代已来，我们已经进入了全民短视频时代。随着 5G 技术的普及，网络视听行业还将迎来历史性、突破性的发展机遇。

全民短视频时代，人人都可以创作。在机器的推荐下，人人都有机会靠视频号获得大量曝光和商业机会。

在家带娃的宝妈可以通过拍摄记录孩子的成长，顺便分享育儿心得，也能获得几百万的关注和上亿流量的曝光，随后靠短视频带货在家完成工作，这在过去是根本无法想象的。

在过去，渔民的收入来自捕鱼后将鱼卖给渠道中间商。而现在，通过发布在抖音和快手等主流平台的短视频，还原了从捕鱼到烹饪的整个流程，渔民因此累积了大量的粉丝并能通过直播来卖海产品。

一个短视频账号通过一次直播就能迅速卖出几千、甚至几万件的海产品，这在过去是不敢想象的，而在短视频时代竟真的做到了。

短视频即内容营销，通过内容来做价值和信任展示，把店铺开到短视频账号上，把产品卖到全国各地。

抖音上有一个七十多岁的张大爷，通过短视频彻底改变自己的生活轨迹。原来张大爷是东北农村里的一个普通农民，干了一辈子的农活，有时间的时候捡废品换排骨吃。

现在，通过他大侄儿的帮助变成了网红大爷，还帮助当地村民将农村滞销的水果卖到脱销。为此，抖音官方还给张大爷颁发了一个扶贫感谢信。

活了七十几岁的老大爷没想到，在人生迟暮的阶段还能通过短视频实现咸鱼翻身，让更多人认识到他并且喜欢他。

短视频的确是最适合我们普通人突破固有圈层的机会之一，也是几百年难遇的机会。

2. 1 分钟教你拍好短视频

过去几年，我花了近 6 万元的学费去研究短视频，包括去参加各种培训和购买代运营服务。

最终，我总结了做短视频的经验。

首先，拍视频最重要的是内容，也就是你要拍什么画面、讲什么话、再配上什么样的背景音乐，而不过份拘泥于形式。

拍摄画面其实不需要特别好的拍摄装备，一台像素过得去的手机就可以做到，我现在所有的视频都是用一部几百元的手机拍的。

如果你要在短视频里发言，可以先用稿子写好你要说的话。如果怕忘词，直接把台词写在拍摄工具附近或者下载一个提词器 App。

目前，我们亲测的两款提词器 App 都非常好用，一个叫“自动提词器”，另一个叫“台词宝”。

当想好要拍什么以后，接下来你需要准备的 3 个简单工具是手机拍摄支架、打光灯、收音器。这 3 个工具在网上都有售卖，百十来元钱的预算就可以满足你短视频创作的需求。

看到这里，你可能要问拍好短视频后应该怎么剪辑呢?

在这里，我们不需要用像 PR、万兴神剪手这样复杂的剪辑工具，只需要在手机上下载“剪映”这个免费 App 即可。

剪映 App 的使用方法非常简单，也提供了大量的剪辑教程，小白只需 1 天就能上手。使用 1 ~ 2 周后，就能灵活剪辑各种短视频了。

3. 如何挖掘视频号商业价值并盈利？

视频号 2020 年 1 月份开始内测，有人已经做到了上万粉丝，也有人已经靠视频号大获成功。

我是 4 月份初开始更新第一条视频号的，亲自实操 40 天后，终于打通了视频号的商业价值。

只靠拍视频号就可以养活我和我的助手。

我具体在视频号发了什么？请扫码关注我，让你收获多多。

接下来，我会详细讲解挖掘视频号商业价值的完整逻辑。

第一：具备完整的个人商业价值闭环

请问，在没有微信视频号之前，你是怎么盈利的。

比如，你过去的流量是从知乎等自媒体平台过来的。流量来了之后，你是如何承接和转化的?

我认识一个知乎大V，他的盈利模式就是从知乎引流到个人微信后，直接销售到298元的会员社群，目前付费会员人数超过2 000+。

这就是一个完整的个人商业价值闭环。产品是会员社群，流量来自知乎，成交转化阵地是个人号微信。

当你完全搞定以上的逻辑，并且打造好了产品并具备一定的成交转化能力，那么你每天的工作无非就是引流和微信聊天转化。

如果你没搞懂的话，坦白来说，做不做微信视频号意义真的不大。

第二：打造你的引流内容产品和信任武器

在互联网上，有3种形式的内容最适合引流：一种是文字型内容；一种是短视频内容；还有一种是交易型内容。

①文字型内容引流代表平台如：知乎、小红书、豆瓣、今日头条等。

②短视频内容引流代表平台如：快手、抖音、B站、视频号等。

③交易型内容引流代表平台如：闲鱼、拼多多等。

举例说明，你在知乎上引流主要靠你的文字作品，在视频号引流主要靠持续更新的视频号内容，而在闲鱼引流靠的是你上传的交易商品。

同样是引流，短视频引流到个人号后信任感最强，也最容易被成交转化。

如果说过去的商业街店铺是你的门面，那么在微信生态，视频号就是你另外一个新的门面。

视频号是一个可以快速建立信任的“杀伤力武器”，比过去的朋友圈强太多了。

第三：打造免费引流产品与付费产品的完美衔接

99%的人都没有掌握高利润产品的设计秘诀，原因是：把引流产品和付费产品孤立起来了。

这样一来，哪怕每天引流无数，最终成交率也会非常低。

举个例子，同样是做微信私域流量，用 1 000 本商业电子书去引流的效果绝对不如自己亲自写一本实体书的效果好。

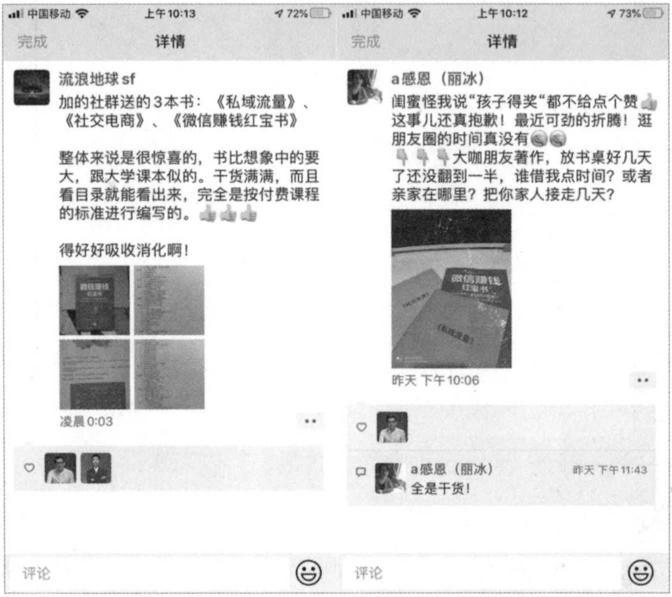

前者干的是收集工作，含金量相较后者会弱很多；而后者是居于作者的身份快速建立起的信任和专业权威。

除此之外，后者的引流产品和付费产品是漏斗关系，引流和成交是一脉相承的。

通过微信视频号内容打造真实感，加上引流产品快速建立权威，再加上微信朋友圈 IP 打造建立信任，让成交转化一气呵成。

如果你已经看懂了以上全部内容并且懂得去应用，那么，靠视频号盈利将会指日可待。

本章干货精华

1. 初级个人品牌能让人一听到你就想到某个领域，大概知道你在这个领域的地位。而高级的个人品牌就是人们一想到某个领域或者有某个需求时，第一时间就想到你，并且只想到你，而且想要给你付费。

2. 人的记忆总是会产生关联，当你看到一件事物有很多关联时，就容易记起来。因此，你在做个人品牌传播的过程中，要给你的用户留下很多的记忆钩子。

3. 人靠衣服马靠鞍。陌生人在了解你的才华之前，都是从你的外在形象开始的。不管多穷，都要学会自我投资，一个是投资你的大脑，另一个是投资你的形象。

4. 人性总是趋利避害的。人往高处走，水往低处流。都喜欢跟强者在一起，喜欢跟有价值的人打交道。

5. 当你在垂直细分领域里持续深耕，不断获得新的成功和资历时，你的标签还可以持续进行升级。所以，我每年都会重新提炼自己的标签。这样做的好处是，可以让人们看到你一直在进步，看到你慢慢成为细分领域的专家。

6. 一个万能优质简介写作结构，会包含如下 4 点信息：①我是谁？（品牌名）；②我是做什么的（品类名）；③我做出了什么成绩 / 案例（信任状）；④我可以提供价值 / 我可以帮你实现 ×× 目标（链接点）。

7. 人们往往愿意相信事实和数据，但无意间却会被故事吸引并沉浸其中。经过情感包装的事实，会以洪流般的势头迅速打开人的心门，进而最大限度地影响人们心理走势。所以，学会用故事来包装事实，更容易获得人们的认同感。

8. 每个人的微信上都有不少好友，有的甚至能够加满 5 000 人，假如你能够从众多微信好友中交到一些优质的高人，并且能够在关键时刻与这些牛人达成合作共识，其背后带来的社交价值将不可估量。

9. 自媒体时代，不会写作的人正在慢慢丧失竞争力。学会写作，就等于轻松拥有影响他人的武器。

10. 写作技能实战训练提升路径：找到模仿对象—搜集目标对象作品——对作品进行拆解——对作品进行局部和整体模仿——找到差距和反馈点——不断复盘优化——试图超越对方。

第 5 章

启动财富飞轮

5.1 精益创业：低成本创业盈利秘诀

5.1.1 找到市场：挖掘客户需求，找到创业方向

1. 创业是什么

创业就是不断挖掘客户需求并不断满足客户需求的过程；创业是全流程负责，打工只负责某个环节；创业就像是做实验，实验过程充满非常多的不确定性。实验的结果只有两种，要么失败，要么成功，而失败的概率往往更大，所以创业有风险，创业需谨慎。

为了降低创业的风险，建议你用精益创业的方法去尝试。

那么，什么是精益创业呢？

精益创业是硅谷流行的一种创业方法论，核心思想是：先在市场中投入一个极简的原型产品，然后通过不断学习和有价值的用户反馈，对产品进行快速迭代优化，以期适应市场。

举个例子，A 和 B 同样是创业者，他们都有一个相同的目标。

A 一开始就想着造一辆汽车，结果花费了大量的时间和成本也没有造好。

而B非常聪明，先出发再说，没车的时候他先走路，接着再骑一辆单车，装个引擎将其改造成摩托车，最后赚到钱再买轿车，从而达到理想目的地。

A只会用惯性思维，而B掌握了精益创业的产品思维，懂得用最小化可行性产品（MVP）来验证自己正在做的事情。

精益创业是以一种最低成本的方式去获取市场的反馈，找到客户需求，最终找到创业的方向，避免盲目投入大量成本造成创业亏损失败。

2. 如何挖掘和验证客户的痛点和需求

在当今物质极其丰富的时代，你能想到的创业项目，都已经有人在做了。

那么，普通人去创业还有机会吗？当然有！

这里来举个例子。原来我们必须要去市场才能买到新鲜的菜，现在有了各种快捷的社区团购，我们只需进入社区的微信群，通过点击小程序就能下单买菜，还会有人提供上门送菜服务。

我姐夫和姐姐在他们小区开了一家窗帘店，月租 2 000 元，一个月靠销售窗帘业务能赚到 2 万元左右。借着窗帘门店的空间，他们做起了社区团购，把小区的居民拉进微信群，然后通过小程序推荐，让邻居们下单买菜。他们不负责产品，只负责在群里销售和送货，这样又多了一份收入。

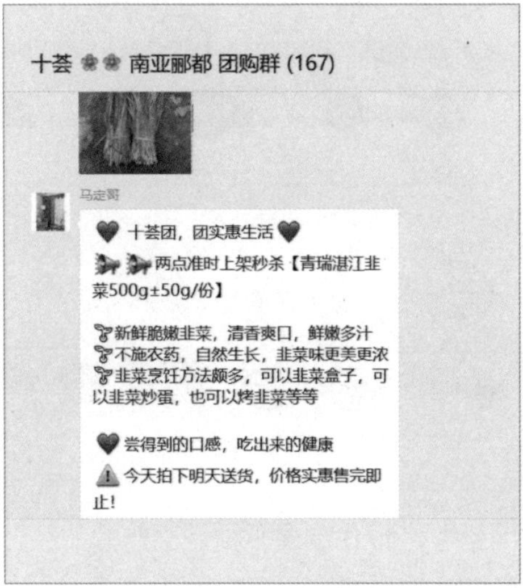

从去市场买菜到微信群买菜，满足客户的需求是一样的，都是为了满足人们“吃”的需求，只不过微信群社群团购更加便宜、更加便利，同样可以让小区居民不出门就能吃到新鲜的菜。

自古以来，人们的需求都可以用马斯洛需求原理来总结：

我们所有的创业项目都是为更好地满足于人们这五大类需求。

那么，我们的创业方向就是想尽一切办法更好地满足客户的需求。

有人推出运动瘦身，也可以推出无须大量运动，只靠饮食就能月瘦10 ~ 15斤的方案。

以上仅仅只是假设，那么如何验证你的解决方案就是客户所认可并且优于竞争对手的呢?

首先，我们可以通过大量的同行案例和数据，分析同行们是怎么做的，然后吸取成功经验。

其次，通过不同类型的数据分析工具去分析，比如百度指数、七麦数据等。只需要输出你想要做的方向就会弹出用户搜索的数量和频次，大致可以判断出在市场的受欢迎程度。

最后，光说不练假把戏。客户到底喜不喜欢，不是他们说的，也不是他们评价的，而是他们会不会花钱购买。

因此，当某一个带着解决方案的产品推出来后，客户愿意买单说明是有市场需求的，如果没人愿意花钱购买，说明该创业项目一定有问题。

3. 如何培养挖掘市场需求和痛点的能力

我认为最重要的是培养自己对事物的洞察力。我们看到任何一款产品，做任何事情都不要只停留于表面，而是要深度思考背后的问题和底层逻辑。只要有问题就一定会有需求，只要有需求就很有可能会有市场。

比如12亿用户都在用微信发朋友圈，但是大家并不关心别人发了什么。

而我开始去思考为什么有人总是发不好朋友圈，为什么不能靠朋友圈盈利？我的解决方案就是出一门课程教你发好朋友圈从而提高收入。

永远比别人多想一步，比客户更快一步，你才能持续盈利。

5.1.2 打造产品：打造快速解决客户问题的产品

1. 想要被人熟知，必须要有核心产品

有产品和没有产品的人，差的不只是几倍，而是几百倍，甚至上万倍。

举一个我在大学时期兼职做家教的经历，当时家教辅导费是80元/时。如果想靠这样的兼职获得高的报酬，就必须要单位时间内把单价提高，这显然很难，因为市场价格就那么高；如果你非要获得高的报酬，除非专业技能很强，达到全国、甚至全世界顶尖的水平，这对普通人来说是很难做到的。

有了产品以后，花同样的时间，我录制了一堂课，仅售价79元，将这堂课销售给了上万人，整个营业额将达到数十万元。

这是两种完全不同的盈利方式，第一种方式属于一次性卖时间盈利，永远无法打破时间和价格的边界，而后者花相同的时间做出一款产品，可出售无限次，打破收入天花板。

所以说，如果你想要持续盈利，就必须要有产品。不管这款产品是

自己打造的还是代理别人的。

2. 用结果导向思维去打造产品

做产品的人最容易陷入自己的死胡同，总认为自己的产品才是最好的，习惯性按照自己的思路来做产品。

比方说，很多的名师都喜欢把课程做得非常深奥，自认为课程很棒，但是学生完全听不懂，课程自然就销售不出去了。

怎么样做产品才能既让用户受益，又能达到生产者的目的呢？

一个非常有效的方式就是用结果导向思维去打造产品。

这里以瘦身为例，我们要打造一款帮助客户快速瘦身的产品，需要先从客户想要的结果进行倒推。

客户希望用最短的时间、最简单的方式，达到最佳的健康瘦身效果。

按照这个思路，我在2018年就曾帮助一个明星策划了一个极简瘦身——“不节食、不去健身房，教你轻松瘦身20斤”，这个课程售价只有49元，总销售超过了100万元。

为什么这款产品能卖好呢？原因就是我们向客户展示了优质的瘦身解决方案。

在瘦身的过程中，最难的就是忌口，不用节食也可以瘦身？这对于客户来说，真的太棒了。

人都是有惰性的，因为你不想自己做饭又不想去饭店，所以才有了外卖。不用去健身房，不用过多运动也能轻松瘦身，这就是客户心中梦寐以求的最佳瘦身方案了。

看到这里，可以思考一下，自己的产品是否是客户梦寐以求的最佳解决方案之一？

我们要深刻理解产品，它只是帮助客户实现从现状到理想状态的核心方案之一。如果你的方案不能更好地满足于客户，就会被竞争对手所取代。

因此，我们需要非常重视我们的产品，不仅要学会打造优质的产品，还要学会包装产品。

3. 如何让你的产品包装看起来更有价值

举例：同样的葡萄产品，为什么两者价格会相差好几倍？

通过对比后，我们会发现唯一的差距就是包装。包装对于产品来说很重要。同样的性能，包装做得好的产品，更有机会获得客户的青睐。

包装产品有两个角度：

第一个角度是卖点包装。你需要从头到尾找出这款产品的优点和亮点，全部罗列出来并记录好。接着，找一个安静的地方，把对客户有利的优点全部挑选出来，对客户没用的可以去掉。

然后用文字把优点和亮点描述一遍，描述的过程中不要提过程，只写结果。

第二个角度是外表包装。如果你销售的是实体产品，那么产品外边的包装需要照顾到客户的体验，比如上面的葡萄包装箱。

如果销售的是虚拟产品，那么要靠设计元素来突出产品的卖点。比如，我这门课程的封面包装，就是通过改变关键词的大小和颜色来突出卖点。

4．学会收集反馈并不断优化产品

做产品和验证市场需求的原理是一样的，需要反复获取客户的反馈。

你永远不可能一下子就做出最完美的产品。苹果手机从第一代做到现在，也更新迭代了 11 代，好的产品都是靠不断迭代而来的。

当你开始验证了客户需求后，也找到了相应的解决方案，接下来就可以开始打造产品了。

首先做出 1.0 版本的产品，然后推向市场，看 1.0 版本的产品在市场的反馈如何。

当把这个产品推出后，可以通过跟客户交流、收集负面的口碑找到优化产品的突破口。

在此，特别强调的是负面口碑，它是我们优化的有效突破口。当我们不断解决用户各种不满意的问题后，产品就会慢慢迭代得更好。

除了用户反馈以外，还可以专门邀请产品体验官来获得改进产品的反馈。现在市场上诞生了一种新的职业叫作酒店试睡员。一个新的设计风格酒店会专门通过付费或免费体验的方式邀请“酒店试睡员”来对酒店产品做出综合评估。

酒店根据试睡员提供的样本来迭代和优化酒店产品，努力把客户的体验做得更好。

关于产品的打造，没有最好，只有更好。我们的个人成长也一样，就是一个不断升级打怪的过程。

5.1.3 卖好产品：手把手教你一套卖好任何产品的秘诀

我遇到很多人，他们做产品的能力特别强，但是销售能力却跟不上。做好一款产品之后，如何让你的产品越卖越好？下面，我来告诉你卖产品的秘诀。

1. 如何把第一批产品卖出去

精益创业能否成功？最关键的是产品销售关。客户喜不喜欢你的产品，一定要靠真金白银来检验。

如何把你做好的第一批产品卖出去呢？分为三个阶段：

第一阶段：把解决方案包装成一个产品，先卖给你身边的亲朋好友，试着向他们推荐，看他们是否愿意为了获得这个解决方案而付费。

当然，这个过程不能牵涉任何的私人感情和道德绑架，你要把他们当作你不认识的客户来对待。

第二个阶段：可以把产品在自己的朋友圈进行推广，朋友圈聚集着你的熟人和朋友，信任感相对比较强。如果你在朋友圈推广测试的效果较好，那么说明你的创业项目大体上是可行的，至少能卖出去了。

在这个阶段，你可以获取非常多的反馈，还可以进行调整并迭代你的产品。

第三个阶段：等迭代差不多了以后，就可以把产品推向市场了。比如，小范围推向市场，如效果好再通过广告投放去验证正在做的创业项目。

如果能够获得市场的认可，说明产品基本可行。如果效果不好，就需要你继续寻找问题进行优化和迭代。

创业者必须要具备强大的内心，同时也要有足够的耐心去等待成果。

2. 打造好口碑比卖产品更重要

如果你想把生意做得更加长久，除了关注产品销售以外，更要注重产品的口碑传播。

特别是在早期销售产品阶段，由于市场还没有完全打开，我们通过优质的产品和服务来帮助客户解决实际问题，那么打造出成功的案例显得尤为重要。

当赢得第一批客户的认可，未来销售产品就会变得更加简单。因为老客户会帮转介绍带来新的客户，靠口碑源源不断地进行传播和裂变。

我早期就是这样起步的，做好课程后先免费赠送给 100 位打过交道的好友体验，然后请对方帮我转介绍。通过 100 多位好友的转发助力，给我带来了第一批付费用户。

我有个会员虎哥就曾用同样的思路来促成生意合作。

虎哥是专门做牛肉产品的。有一次，他来广州约我吃饭，我当时发了一组合照发到我们会员群里，并简单介绍了他的业务。

他也很大方，直接在群里送出好几十份牛排让群友试吃。通过试吃，让大家感受到他的产品质量和口碑。

后来，我建议他直接在微信群里发起接龙团购，因为前期的好口碑铺垫，所以接龙过程很顺畅，他因此也小赚了一笔。

在没钱、没有资源的情况下，掌握奉献思维，懂得先付出让利再收获，是做生意成功的核心秘诀之一。

3. 卖产品的最高境界就是销售未来

销售任何产品都是在销售希望和未来，我们必须找到潜在客户感兴趣的诱饵并投放。

针对不同的客户，如何销售才更容易获得成功呢?

女人怕变丑，任何的化妆品都是在销售美；

孩子要教育，任何的教育产品都是在销售美好的前途；

老人要长寿，任何的健康产品都是在销售健康；

普通人要逆袭，我们要向他们销售变好和财富自由的希望。

如果你要销售某一款产品给客户，千万不要干巴巴地只介绍你的产品功能有多么好，产品的材质有多么棒。这是一个不缺好产品的时代，大家真正需要的是最优的解决方案，需要的是达到自己理想状态的样子。

如果你要销售你的服务，也千万不要只提及你的服务过程和细节，只需要告诉客户购买后能获得的结果。只要这个结果跟客户的需求是吻合的，那么一定可以把产品卖出去。

销售产品最高的境界就是销售未来，这也是结果导向思维的应用。

5.2 引爆盈利：从第一个客户到第一桶金

5.2.1 盈利模式：盈利 =（单价 - 成本）× 流量 × 转化率

有太多的创业者第一次想创业，就是去找一家店开业做生意，最后连自己怎么失败的都不知道。

开店只是创业盈利的方式之一，做任何的创业项目首先要摸清楚背后的盈利模式。

只有搞定背后的盈利模式，我们才能把好钢用到刀刃上。在互联网时代，有很多的创业项目是低成本投入的，比如做知识付费、短视频创业等。

1. 互联网时代的盈利模式

互联网时代有一个万能的盈利公式：盈利 =（单价 - 成本）× 流量 × 转化率。

如何理解这个公式呢?

要想靠互联网盈利，我们必须要有一款好产品，而且要控制好成本。一般来说，一款产品的销售单价是固定的，也需要遵循市场定价标准。

为了提高产品的利润，我们需要尽可能压缩产品的各种成本，只有这样才能达到最高利润。

一般来说，互联网产品只要能够达到 300 ~ 500 元的利润，就都属于高利润产品了。

有了高利润的产品后，我们必须要想办法去获取客户。在互联网，我们常把海量的用户当成流量，想要把产品卖出去，就需要有一定的流量用户看到你的产品。

而转化率代表的是，购买用户与总流量的百分比。

下面，我们通过一个销售线上课程的案例来理解这个公式。

假如一个线上课程的销售价格是 100 元，课程制作成本几乎忽略不计，可把线上课程的利润按 100 元来计算。

如果有 10 人看到了这门课程，以 10% 的转化率来计算，那么这门课的总销售利润是：100 元 ×100 000 人 ×10%=100 万元。

从这个万能互联网盈利公式，可以看出想在互联网上赚钱，就必须关注产品成本、流量和转化率。其他一切与之无关的细碎问题可以不用关注。

2．为什么建议从事互联网创业

互联网创业支持以极低的成本入场，而实体生意要在盈利之前先投入较高的成本。如果经营不善，那么实体老板就会面临关门倒闭的难题。

主要的原因有三点：

第一：互联网创业成本更低

店租费、装修费、材料费、员工成本等乱七八糟的成本很高，实体店老板每赚一分钱都要被成本分摊掉。

而很多互联网公司都是精兵简政，几台电脑、几台手机、3 ~ 4 个人一年就可以做出惊人业绩，除了人工费用以外，几乎不需要太高的成本。

所以，互联网创业要比实体创业的成本更低。

第二：互联网创业风险更小

实体生意成本高，所带来的风险也较大，一旦遇到不可控因素，倒闭破产是常有的事。例如2020年疫情之下，不少实体店都遇到了关店潮。

而互联网创业项目就不见得，基本不会出现亏本的情况。

第三：互联网项目客户量更大

实体店的客户只能满足于方圆几里地的客户需求，一旦超出这个范围，将无法满足销售的消费需求。更要命的是，只要实体店的生意好，一定会有第二家、第三家来跟你抢客户，竞争异常激烈。

而互联网公司的客户往往遍布全国各地，客户不需要来到现场也能获得相应的产品和服务。

两者客户量的差额是天壤之别的，这也就是为什么线下门店喜欢把用户当成客户，而互联网公司喜欢把用户当成流量。

3. 互联网创业就要先盈利再投入

互联网创业最好玩的地方在于可复制性，借助巨大的流量可以迅速放大它的价值和规模。

原来你有一个想要创业的想法，会想着要注册一家公司，租一间豪华的办公室，然后招人做产品。结果产品没卖出去，还亏了前面的成本投入。

而新个体创业时代，顺序刚好是颠倒的。当你有一个创业想法，可以先去把钱收回来，然后再去生产产品。

我之前为一个价值3 650元的产品做过一次推广，当时写了一篇销售文案，文案发到朋友圈后，很快就有 20 个人购买了。

互联网创业必须要以现金流为王，以盈利为第一目的。切忌大额投入，现金流才是创业者们最大的安全感。如果能选择月度获得收益的项目就不要选择以年度为单位的项目。

5.2.2 产品系统：手把手教你设计高利润的产品系统

只靠单一的产品是很难实现高盈利的。

我们去餐厅吃饭，有些餐厅总喜欢在上菜之前免费赠送一些小吃和茶水。当你打开菜谱后，优先看到的是餐厅主推招牌菜，再往下看是名厨必点菜。

对于餐厅来说，免费赠送的小吃和茶水是引流产品，招牌菜是爆款产品，名厨出品的好菜则是利润产品。

1. 在产品设计上踩过的坑

看起来很简单的产品设计原理，很多人依然避免不了踩坑。我就曾经在产品设计上犯了一个大错，早几年，我做的线上课程销售非常火爆，也引流了不少付费学员用户添加了微信，但由于没有及时开发出更加高端的利润型产品，导致客户流失惨重。

现在，当我已经开发好利润型产品后，需要花费大量的时间和成本去重新唤醒这些客户。

实际上，即使是重新唤醒客户，也失去了当时的商机和势能。

这个惨痛教训告诉我，做产品要提前设计好产品体系，让前端产品引流，强大的后端产品来盈利。那些真正厉害的人都懂得设计产品体系，让产品与产品之间相互关联，环环相扣。

2. 4 步设计你的产品系统

设计产品系统，至少要包含这 4 款产品：引流款产品、爆款产品、利润款产品和活动款产品。

引流款产品主要是通过让利或免费的方式获得精准的客户，让客户开始体验并了解你的产品。

爆款产品主要是借助领先的销量，让你迅速提高知名度并占领市场。此外，爆款产品还能让你获得冠军战略优势和稀缺的资源。

利润款产品主要是用来获利收益的。比如，单纯玩游戏是不需要花钱的，但如果提升战斗力就需要购买各种装备和皮肤，所以游戏商家就会靠这些利润款产品来赚取利润。

活动款产品是指逢年过节推出的特殊产品，不能经常推出，是阶段性销售。

3. 打通产品与产品之间的关联

设计产品体系只有打通产品与产品之间的关联后，利润才是最大的。

如何理解这句话呢?

当你设计了一款引流产品 A，也设计了产品 B，假如 A 和 B 是没有关联的，那么客户买了 A 产品以后可能就不会买 B 产品了，或者买了 B 产品后不会再关注其他的产品了。

作为产品设计者，这并不是我们想要的，我们的目的是让客户发生更多消费。

如何把产品与产品之间关联打通呢? 比较有效的方法是在任意一个产品中植入其他产品的信息。

比如做在线教育产品时，我们可以在基础入门课中植入高阶课程的内容预告和价值宣传。在高阶课程中提到某些基础知识点时，又可以引导用户去学习基础入门课。

如果你做的是实体产品销售，也可以通过相似的思路在引流款产品包装中加入一个利润款产品的销售信息，能够打通产品与产品之间的关联。

这也是典型的产品漏斗设计思路，让客户跟着你的引导一步步去购买设计好的产品，把单个客户的价值挖掘到极致，让一个客户购买多个产品，把利润做到最大化。

5.2.3 流量系统：把一个有效流量打法用到极致

拥有流量，是所有互联网从业者的头等大事。特别是流量越来越贵的今天，谁手握精准的流量资源，谁就可以成为赢家。关于流量系统的打造，最重要的是把一个有效流量打法用到极致。

引流获客的办法有很多，而我们的时间和精力是有限的，我们不需要把所有人的引流获客方法都学会，只需要掌握一个有效的方法并用到极致就好了。

1. 4 步打造引流池子

你有没有发现，有的人线上引流效果特别差，天天发愁去哪里挖掘客户，也有的人会引流，但是引流过来的客户转化率极低。

原因到底是什么呢?

引流就像钓鱼，我们必须要非常熟悉鱼的特性，抛出鱼爱吃的鱼饵才能钓到鱼。

钓不到鱼或者钓的鱼不是自己想要的，这说明钓鱼环节上出现了两个问题：

第一，你选择的鱼塘不对，本来要钓海鱼，却偏偏选择了淡水鱼塘；

第二，你的鱼饵选择不对，本来应该用蚯蚓做饵，却偏偏选择用鸡肉。

如何才能做到精准引流呢?

第一步：了解你的受众

你要非常清楚产品卖给什么样的人，要知道他们的想法到底是什么？

以健康瘦身受众为例，客户的需求是：

如何快速瘦身？不必使用吃药、节食和运动的痛苦方法也能健康瘦身，瘦身后能恢复18岁前的曼妙身材。

第二步：设计不可抗拒的诱饵

同样以瘦身为例，我们可以设计一个名为“一个××方法，让我1个月甩掉30斤肥肉”的引流产品作为诱饵。

请注意，该诱饵产品可以是虚拟产品，比如一个高效瘦身电子文档；也可以是实体产品，比如一款健康瘦身试用装产品。

第三步：设计引流路径

对于大部分普通人来说，建议优先把引流的客户导入你的微信私人号，因为私人微信最好做成交。

所以，私人微信号就是引流漏斗路径的最后一环。

常见的引流路径设计有两种：

路径一：流量渠道——私人微信号；

路径二：流量渠道——公众号——私人微信号。

有人说，引流路径越长效果越差，事实上未必。不同平台粉丝的行动成本不同。粉丝只要扫码就能完成添加公众号，而在头条上用户只能通过复制微信ID添加。

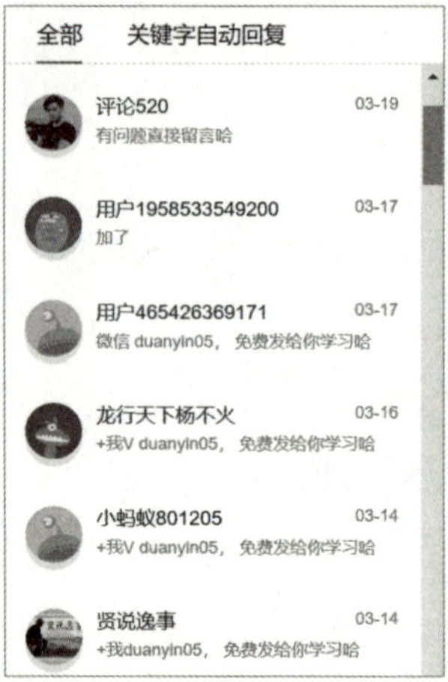

为了获取你的诱饵，用户付出的时间和注意力成本不同，导致的结果也会不同。

因此，在设计引流路径的过程中，请不要轻信大脑直觉和经验，也不要完全听信某些培训师的方法。务必要经过亲自测试，才能获取到最佳的引流转化路径。

如果你对我的引流路径设计感兴趣，可以直接搜索我的公众号【端银】，回复：电子书，就可以全盘了解完整的引流路径。

第四步：引流渠道布局

引流的关键是找对鱼塘，也就是引流渠道。

这里以微信视频号为例，视频号是微信唯一的公域流量入口，通过视频号的内容引导用户去点击下面的公众号内容链接即可实现引流。

具体操作是，通过视频下方的公众号链接来引流。当用户观看短视频后，会有一部分人点开公众号链接，当用户打开公众号后就会想加入视频号交流群，而进群则必须添加相关人的私人微信号。

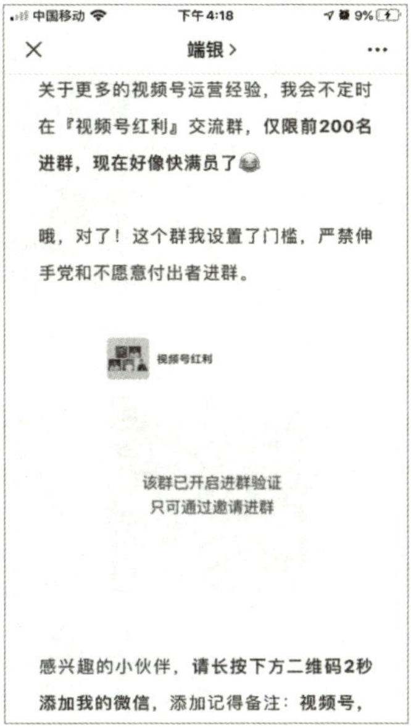

这样，一个完整的引流环节就设计完成了。

2. 打通流量闭环，建立流量系统

如果只有引流没有回流，引流工作就会变得很辛苦。这样每天都要去做引流工作，一旦不做就没有流量。这和打工人的逻辑是一样的，必须要每天付出。

想要把引流工作变得更加轻松，就要打通流量闭环，建立自动循环的引流系统。

怎么实现呢？这里以我的视频号红利社群为例，我把视频号红利定价为 499 元。用户想要进入我的社群，有两种方式可选择。第一种方式，选择用特惠价付款 199 元进群；第二种方式，帮我转发我的个人微信二维码。

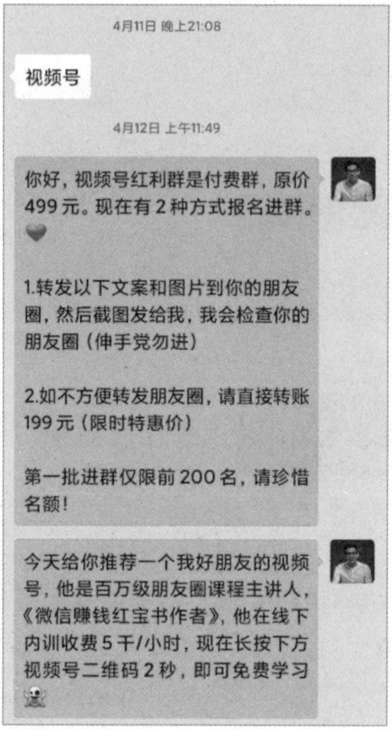

通过这个引流闭环设计，可以让老用户源源不断地裂变为我带来新用户。

同样的原理，我们的爆款产品和利润款产品也可以建立流量闭环。举个例子，用户A购买你的爆款产品后，可以引导A去转介绍，通过A转介绍过来的朋友B不仅可以省钱，还能让A赚到佣金。

这样一来，既可以满足A客户开源的需求，又不会让A客户觉得自己赚了朋友的钱。

假如A积极地去帮你做转介绍，当A介绍的客户量达到一定数量以后，A未来转介绍的佣金将会更高，而且还能以极其优惠的价格买到你的利润产品。

一个老客户为你转介绍一个新客户的成本大概是你主动获取新客户

成本的 3 ～ 5 倍。

当你的老客户都愿意为你转介绍带来新客户后，你将获得源源不断的生意和收益。

5.2.4 成交系统：打造成交系统，让销售更简单

为什么有人加了很多的微信好友却还是无法盈利，主要的原因就是成交转化系统没有设计好。

1. 这套成交系统的方法

成交系统的方法如下：

第一步：打造好微信朋友圈建立信任；

第二步：用微信引流增粉，激活好友；

第三步：给激活好友发引导成交文案。

这套方法有一个极大的好处就是——只要引导文案写好，一旦经过测试能盈利，就不需要再管。每天只需发朋友圈，并进行各种渠道宣传即可实现源源不断的成交。

而这种微信成交系统，还有一个优点：

你的成交文案写好后，如果你让 100 个客户看到，就等于说服了 100 次。但是如果你亲自去线下推广，那么你一天说服 10 个客户都很困难。

不仅如此，通过微信可以同时向 100 个甚至 1 000 个客户同时开展售卖，这一切都是自动化进行的。

此外，如果客户一旦有任何问题，还可以通过个性化一对一答惑解疑。

所以，这套成交方法最神奇的地方在于，它让销售更加简单、更加灵活、更加高效、覆盖客户群体更多。

2. 如何让成交系统助你实现财富自由

怎么去获取精准的客户？

怎么能写出让意向客户加微信的引导文案？

到底怎么去经营并激活你的客户？

到底怎样才能写出高成交率的招生文案？

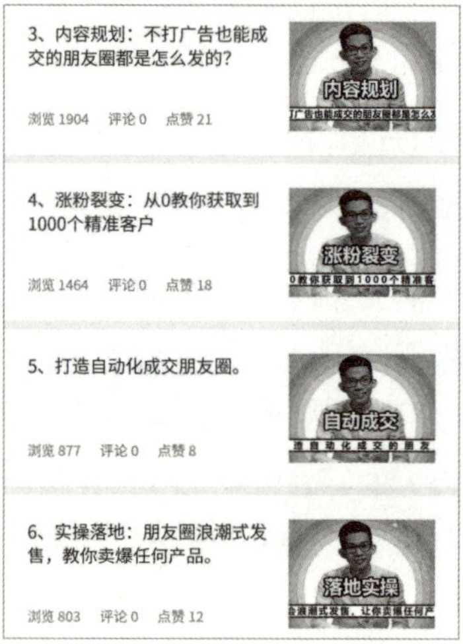

①打造好你的朋友圈，其中打造流程包括如下的 4 个步骤：

第一步：做朋友圈整体诊断，寻找优化方向；

第二步：四大方向全面升级你的朋友圈形象；

第三步：按照朋友圈内容规划规律发朋友圈；

第四步：学会几种常见朋友圈文案写作技巧；

千万记住，朋友圈打造的核心是为了打造人设和建立信任而不是用来刷屏卖货的，未来视频号也会充当信任递进窗口。

②使用上一章节教给你的引流系统不断去获取新的客户。同时，也让老客户帮你转介绍。

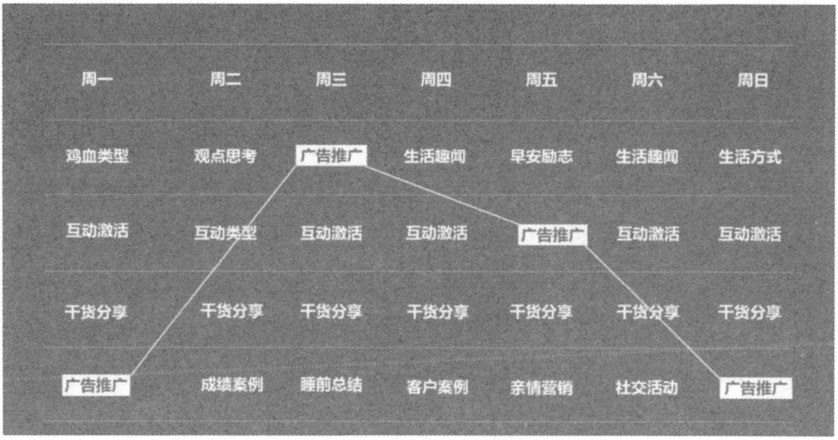

周一	周二	周三	周四	周五	周六	周日
鸡血类型	观点思考	广告推广	生活趣闻	早安励志	生活趣闻	生活方式
互动激活	互动类型	互动激活	互动激活	广告推广	互动激活	互动激活
干货分享	干货分享	干货分享	干货分享	干货分享	干货分享	干货分享
广告推广	成绩案例	睡前总结	客户案例	亲情营销	社交活动	广告推广

③写一篇让人看了就无法抗拒的成交文案。

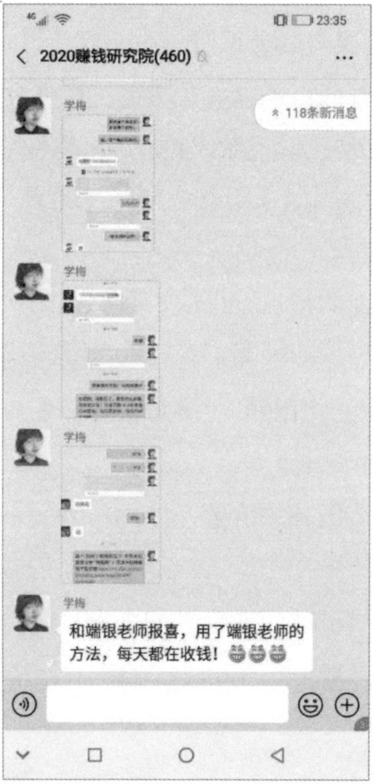

引流只是过程，成交转化才是目的。建议你关注引流系统和成交系统的组合拳打法，彻底把引流和成交落地。

5.2.5 财富系统：打造超级系统，让财富源源不断

普通人开源之所以辛苦，是因为大家很少去思考如何把开源这件事情变成流程化和系统化的工作。

其实，财富创造并没有像我们想象中的那么难。创造财富的过程就像打游戏通关一样，当你把每一关的环节都摸清以后，完全可以总结一套打通关卡的秘诀，也就是我总结的盈利模式秘诀。

而打通财富的关键就是串联起产品关、流量关和成交关。当你把这3个关卡变成像工厂流水线一样操作时，自然就有了盈利。

1. 打通产品、流量与成交系统

很多人喜欢把所有的事情孤立起来做，这其实是不对的。比如：引流就是单纯的引流，成交就只做单纯的成交。孤立做事的确能有所收益，但是会很辛苦。原因很简单，当你辛辛苦苦引流几千、几万人后，再开始做成交，前面的客户早就对你没有感知了。

互联网时代最主要的特点就是快，我们必须快速打通引流与成交的组合，让每一个成功引流的好友，立马进入你的成交环节。

看到这里，你可能会有疑问。不是说客户要先拉近关系再成交转化吗？为什么要急于去成交呢？

①用引流诱饵塑造极高的价值，让用户瞬间就感受到你的专业和权威，并迅速建立起信任感。

②引流成功后立刻破冰，展示你的个人品牌价值并引导客户进入成交环节。具体参考语言如下：

③撰写一篇让客户无法拒绝的自动化成交长篇文案，客户看完你的文案后，自动买单成交。具体参考案例如下图所示：

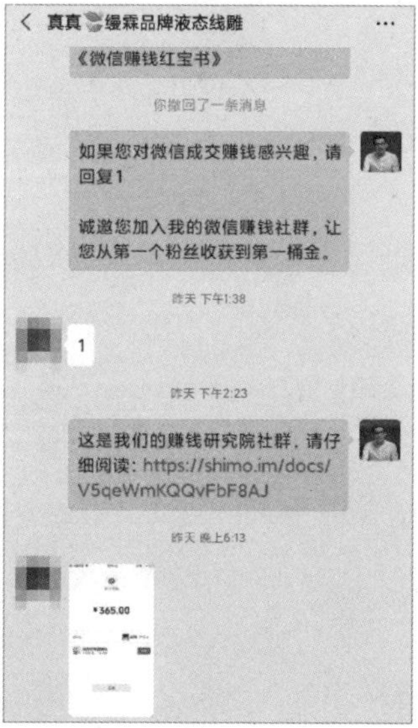

2. 如何把财富系统变成流水线操作

我认为任何的工作都是可以标准化的，上面提到的财富系统也可以变成流水线操作。

产品本身就可以作为流水线来生产，我们重点关注的是流量获客和成交环节的流水线设计。

把工作标准化以后，哪怕是一个实习生也能做好。它就像我们去捕鱼一样，当你熟练所有操作以后，根本不需要思考你的鱼饵问题，只要去找鱼塘捕鱼，然后带回家。

成交的环节也可以变成标准化，针对每一个新加的好友，发出固定的破冰语言，只要用户点击我们的文案就有机会成交。

当然，任何的成交都是概率事件，只要我们保证引流样本够大就能盈利。比如，不花费任何成本去引流 100 个人就有 10 个人购买我们的产品，可打破普通人收入的天花板。

打造超级财富系统，相信你也可以！

5.3 财富自由：通往财富自由之路

5.3.1 价值思维：做一个有智慧的人

从前我一个月的收入只有 1 000 元，一直做着实现财富自由的梦。

随着我的收入提升和接触越来越多年收入过千万、甚至过亿身家的人之后，我发现他们真的是很有智慧的人。

1. 智慧的人，更懂得谦虚

我参加过不少的高端商务会议，在接触的几百个创始人当中，发现他们都具有一个特质，那就是更愿意认可和成就他人。

Alex 是广州某电销公司的老总，也是资深的电话销售和创业者。我们在商会上认识，通过多次打交道后，我没有想到在事业上如此成功的人依然保持着那份谦卑的心态。

有一次，我去他公司拜访学习业务，没想到他却向我学习微信营销。

我问他为什么愿意花时间跟我学习。他说，“现在时代变了，像你们这样的“95 后”“00 后”才是市场消费的主力军，跟上年轻人的步伐，了解年轻人的思维有益无害。再说了，你年纪轻轻就已经在垂直细分领域拿到成果，而我对这个领域又不熟，和有成果的人交流一定没错。”

再到后来，他主动为我牵线拼多多电商和中国移动等外包项目的业务合作。

很多人都在抱怨，细想下来，抱怨并不能真正解决问题，只有你本身变得强大，才能链接到好的资源。

2. 智慧的人更愿意学习成长，随时充电

普通人下班后总想着约三五好友去喝酒、打牌，而智慧的人则保持着终身学习的习惯。

成董是我线下业务开展路上的贵人，她引领我加入广州线下的商会。凭借她多年打拼积累，早已财富自由。

在我的印象中，成董是一个特别热爱学习的人，她不是在聊业务的路上，就是在学习的路上。为了了解最新的商业模式，她经常不辞劳苦跑到新加坡、波兰等国家和中国台湾地区学习交流。

我们之所以相识，也是因为她喜欢了解新鲜的事物，先后购买我多门课程来学习。

我们每次在线下活动见面时，她都会向她的朋友们积极介绍我，还尊称我为老师。其实，她才是我的老师和贵人。我很敬佩这样爱拼搏、爱学习的“70后”。

有的人总以为自己什么都知道、什么都不懂，喜欢故步自封又不喜欢学习，而智慧的人则不一样。

他们不停地学习，一方面是拓展商业认知，跟上时代步伐；另一方面是为了结交新的朋友，为自己的事业赋能。

他们认为花钱学习是自我投资，有些人在学习过程中不断地给自己充电，未来会有更大的收益。

3. 让钱努力为自己工作

创业这几年，我发现人与人之间最大的差距是只有少部分人懂得让钱为自己工作，很多人都做反了，最后被金钱所奴役。

如何让钱为自己工作？我理解的是有一天当我们不工作了，也能依靠我们资产产生的收益为覆盖生活支出，并将多余的收益重复购买资产进行投资，再持续产生收益，从而达到复利效果。

我的合作商 Yuki 就是这样的人，她是两个孩子的妈妈，同时还是一家小公司的创始人。

一开始，我还以为她们公司规模很大，结果去了以后发现她只带一个助理，一年却可以把公司的流水做到上千万。

我非常好奇她的公司是怎样运转起来的，通过深度拜访合作后，我才发现她的成功秘诀是把不擅长的事情全部外包出去，她只负责自己擅长的事情，而助理则负责监控项目的全部流程。

Yuki 非常擅长做产品和营销，她把产品做好后，就付费请外包设计师帮她优化产品设计。

销售产品则通过与渠道商合作分成的方式来做，偶尔也会去做广告投放。

由于她的产品非常畅销，非常多的渠道商都主动来找她做分成推广，她不需要付出任何额外的成本就能收获源源不断的粉丝和收益。

智慧的人和普通人真想法真的不一样，普通人为了省钱花费大量的时间精力去解决无关紧要的问题，而智慧的人则擅长付费让别人来解决自己的问题，把自己宝贵的时间用在最有产出的事情上。

学会像智慧的人一样思考，掌握财富的秘密，你也有机会逆袭为真正智慧的人。

5.3.2 财富自由：复制你的成功，收获更多财富与自由

我们大多数普通人奋斗的终极目标是实现财富自由，无须从事朝九晚五的工作，不必看别人的脸色，想买的东西随便买，想去的地方说走就走，自由自在。

哪怕不再工作，尽情地去追求诗歌和远方也会有源源不断的被动收入。

1. 什么是财富自由

很多人对财富自由存在很大的误解，认为财富自由必须要拥有大量的财富，必须要先让自己成为千万富翁、亿万富翁。

实际上，并非如此。

财务自由是指人们无须为生活开销而努力赚钱的状态，有足够多的时间和足够多的钱做你想做的事情。

简单地说，一个人的资产产生的被动收入至少要等于或超过他的日常开支，如果进入这种状态，就可以称之为财务自由。

财富自由与年龄无关，只要你满足被动收入大于日常开支。

假如你每月的被动收入是3 000元，哪怕你每月的支出是2 999元，也达到了人人都羡慕的财务自由状态了。

在此，2 999元的日常开支可称为“临界点”。一旦突破这个临界点，只要不发生重大的灾难，不需要被迫营业也能生活下去。当然，如果你有自己喜欢的工作也可以继续干下去。

由此可见，财富自由并不像我们想的那么困难。

2. 管理欲望方能实现财富自由

想要实现财富自由，关键就在于控制日常开支的临界点。

如何控制日常开支的临界点？我认为最重要的是控制个人欲望。

哪怕现在每月被动收入10万元，如果你控制不了自己的欲望，你

将永远不会实现财富自由的状态，而且还会陷入负债的泥潭。

特别是很多人都没有被动收入时，就已经开始挥霍无度了。有数据报告显示，当代“90后”人均负债12万，超前消费和提前透支未来是实现财富自由最大的障碍。

这几年我虽然挣到了一点小钱，但是我还是依然保持勤俭的习惯。我的衣服大部分都是在某宝上几十块钱淘的，吃的也是每餐20多元的快餐。

也有人天天怂恿我买车，我没买。一方面是我们做互联网的人出行需求太少，打车比买车更节约成本，另一方面是不需要靠一辆车来包装我的价值。

大量的成功案例和深耕了几年的个人品牌比一辆车值钱多了，如果客户是因为看中我的车才来找我合作，那么我吸引来的也是很势利的客户，终有一天会因为利益而闹翻。

所以，我们要学会控制自己的欲望，不要盲目地去攀比，学会管理欲望方能实现财富自由。

3. 普通人实现财富自由最好的方式就是复制自己

大多数人没有实现财富自由的原因是自己的时间只能出售一次。比如，理发师必须每天为客人理发才有工资，健身房的教练必须每天都去辅导学员才有业绩，培训师只能每天去做培训才会有收入……

这类型的工作都无法将自己的时间进行多次售卖，因此很难产生被动收入，也无法完成自我复制。

一个普通人该如何复制自己的成功呢？

以健身教练为例，可以通过录制标准化的健身课程来指导学员，课程只需录制一遍，就可以源源不断地进行销售盈利。每销售一份健身课程，就是一份被动收入。

接着，可以从课程里引流一些高质量的客户进行量身定制指导，收取更高的价格来服务。

当健身教练把这套被动收入模式形成一个闭环以后，就可以快速复制自己的经验招收徒弟传授技能。

最后，从众多门徒中筛选出优秀的人才作为你的事业合伙人。

这是一套完整的自我复制过程，从单一的个人经验复制成为标准经验，再把个人成功经验复制到他人的身上。

每复制一次就产生一次被动收益，而且这种收益就像滚雪球一样越滚越大。

同理，这套自我复制的商业模式也可以应用到各行各业。

学会复制你的成功，让你收获更多的财富与自由，成为一个有智慧的人。

本章干货精华

1. 创业就是不断挖掘客户需求和不断满足客户需求的过程。

2. 精益创业是硅谷流行的一种创业方法论，它的核心思想是，先在市场中投入一个极简的原型产品，然后通过不断的学习和有价值的用户反馈，对产品进行快速迭代优化，以期适应市场。

3. 创业最重要的是培养你对事物的洞察力，当你看到任何一款产品，做任何的事情都不要只停留于表面，而是要深度思考背后的问题和原因。比如有 12 亿用户都在用微信发朋友圈，但是大家并不关心别人发了什么？而我开始去思考为什么有人总是发不好朋友圈，为什么不能靠朋友圈盈利？我的解决方案就是出一门课程教你发朋友圈提高收入。

4. 永远比别人多想一步，比客户更快一步，你才能持续盈利，靠创业致富。

5. 想要持续盈利，必须要有核心产品。有产品和没有产品的人，差的不只是几倍，甚至是几百倍。

6. 惨痛教训告诉我，做产品要提前设计好产品体系，让前端产品引流，强大的后端产品来盈利。那些真正厉害的人都懂得设计产品体系，让产品与产品之间相互关联，环环相扣。

7. 设计产品系统，至少要包含这 4 款产品：引流款产品、爆款产品、利润款产品和活动款产品。

8. 引流获客的办法千千万，而我们的时间和精力是有限的，我们不需要把所有人引流获客的方法都学会，只需要掌握一个有效的方法并用到极致就好了。正所谓，天下武功唯快不破，把简单的一招练到极致就是绝招。

9. 通过以下的 4 个步骤完全可以满足你在任何渠道的引流想象。第一步：了解你的受众；第二步：设计引流诱饵；第三步：设计引流路径；第四步：布局引流渠道。

10. 为什么有人加了很多的微信好友却还是无法盈利，主要的原因还是成交转化系统没有设计好。只有引流是不够的，你必须要设计一套高效的线上成交系统。

11. 打造朋友圈包括以下 4 个步骤：第一步：做朋友圈整体诊断，寻找优化方向；第二步：四大方向全面升级你的朋友圈形象；第三步：按照朋友圈内容规划规律发朋友圈；第四步：学会几种常见朋友圈文案写作技巧。

12. 在互联网上创造财富的过程就像打游戏通关一样，而打通财富的关键关卡就是串联起产品关、流量关和成交关。当你把这 3 个关卡变成像工厂流水线一样操作时，开源工作就可以完全交给机器或者你的员工。

13. 智慧的人真的跟你想的不一样，智慧的人更愿意去认可和成就他人，前提是你本身也要有想匹配的实力。

14. 普通人认为花钱学习是消费，而智慧的人认为花钱学习是投资，随便学到一点有用的东西就可以翻倍赚回学费。在学习过程中结识的优质牛人可在未来事业中翻 N 倍赚回来。

15. 普通人为了省钱花费大量的时间精力去解决无关紧要的问题，而有智慧的人则擅长付费让别人来解决自己的问题，把自己宝贵的时间用在最有产出的事情上。学会像智慧的人一样思考，你也可以逆袭为一个真正智慧的人。

16. 财富自由简单来说是，一个人的资产产生的被动收入至少要等于或超过他的日常开支，如果进入这种状态，就可以称之为财务自由。财富自由与年龄无关，只要满足被动收入大于日常开支。

17. 普通人走向财富自由的核心秘诀是复制自己的成功！从单一的个人经验复制成标准经验，再把个人成功经验复制到他人的身上。每复制一次就有机会产生一次被动收益，这种收益就像滚雪球一样越滚越大。学会复制你的成功，让你收获更多的财富与自由，从此真正走进富人阶层。